目次と著者紹介

上巻縦書き98頁まで　万有聖力

ニャナスマナ長老

デルドゥエ・ニャナスマナ師は1955年1月24日にスリランカで生まれました。師が脳を「優しい心」(**決意**)で満たす時、脳内の**万有域**が活性化して**万有聖力**が取り込まれます。その不思議な力は世界に知れ渡り、英国で科学的な測定を受けました。測定の結果、万有聖力を発する時の脳波は7.8 ～ 8ヘルツであることがわかりました。師はそれから本格的にヒーリング・サービスを始めました。師のハンドパワーは、これまでに1万人以上を救いました。

師は8歳の時に僧侶になる運命を感じ、デルドゥワ(アンバランゴダ)のウィウェカラマヤに入門しました。19歳までにパーリ語とサンスクリット語を習得しました。プラデニヤ大を卒業後、「初期仏教の原理」を出版しました。「瞑想の条件(平常心と集中力)」で博士号を取得し、仏教・パーリ大の教授を務めました。優れた業績が認められ、ラジャケエヤ・パンディット賞を受賞しました。シンハラ語紙「ラクビマ」に数々の寄稿があります。多才で、作詞・作曲も得意です。

上巻縦書き 99頁から 教育支援のSR活動

須賀博士

須賀則明博士はスリランカの復興に尽くた人です。2004年のスマトラ沖地震による大津波で4万人以上のスリランカ国民が犠牲となりました(死者3万5千人以上、行方不明5千人以上)。博士は直ちにスリランカに向かい、首相と会談しました。博士は消防車や医療機器を寄付しました。国際交流事業協同組合の理事長でもある博士はスリランカからの技能実習生を積極的に迎え入れて技術移転を続けています。

インドのサンスクリット大学でPh. D.の資格を取得しました。

下巻 私たちの教育とこれからの教育

ウィマラサラ長老

スドゥフンポラ・ウィマラサラ長老は コロンボ(スリランカ)のマリガカンダ・ウィドダヤ・ピリウェナで義務教育を終えました。その後、コロンボのフヌピティヤ・ガンガラマヤとディックウェル・ウェウルカンナラ・ピリウェネと、インドのサンプラナナンド・サンスクリット・ヴァラナシ大学で高等教育を受けました。

1990年11月20日、すべての子どもたちの能力開発と徳育のために**ダハム・セワネ・スィンギット**を創設しました。長老の考えは各種の新聞に連載されています。

須賀博士とウィマラサラ長老の連絡先

〒367-0237 埼玉県神川町貫井100　国際交流事業協同組合気付

上巻横書き
53頁まで

心のベクトル場

鳥居先生

鳥居修先生は本書の監修者です。先生は15歳の時、ゲーム理論とカタストロフィー理論に出会い、20歳までに習得しました。28歳の時、ジョン・ロールズの正義論に出会い、29歳までに習得しました。先生は数学の専門家として社会の仕組みと心の仕組みを分析しています。

先生はニャナスマナ師の本を訳して「万有聖力」という言葉をつくりました。

写真はダライ・ラマ14世が主宰する世界仏教指導者会議に出席するために北インドを訪問した際に須賀博士が撮影しました。

鳥居先生への連絡法

鳥居先生はお子様の進路指導や参加者数名のミニ講演会にも実費で出向きます。どんなテーマでも対応します。専門知識が豊かな先生方に対しても、論理の専門家として助言します。

Tel：080-5686-8299　　Mail：toureikun@outlook.com

万有聖力

著者　デルドゥエ・ニャナスマナ長老
和訳　鳥居　修

英訳版	Vishva Shakthi
Author	Dr. Rev. Delduwe Gnanasumana
Annotation	Sahanthini Rathnayake
Translation	D. Sisira Jayasinghe
First Edition	2006 September (translation)
ISBN	955-96396-2-5
Publication	Vishva Shakthi Nikethanaya Sri Dharma Viharaya, Kalapaliwawa RAJAGIRIYA

解説者あいさつ▼本書を書く機会に恵まれ、たいへん光栄です。本書では、心の実践を通して多大な社会貢献をしてきたニャナスマナ師の実績を紹介します。師の心的パワーの歩みと多様な心的実践は25年以上の実績があります（和訳時点で30年以上）。師の偉大な心の実践はこれまでにも何度も紹介されてきました。本書の役割はその実績を再整理することです▼天才は歴史上何度も現れました。中国には孔子、ギリシアにはソクラテスがいました。しかし、その才能を人類の福祉の向上のために役立てたことにおいて、師の功績は特筆に値します▼天才は五感ではなく、知性を通して世界を見ます。凡人が思わくや願望を張りめぐらす間、天才は優れた知性で現在と未来の世界を把握し、人類と世界の行く末を洞察します。天才はその知性で、所属、階級、肌の色の違いを超えた理想郷を考えます。師の社会福祉事業を知るにつれ、それを実感しました。師は高い見識をもち、釈尊の教えにもとづいて、比丘（びく）と大衆の人生を導きます。釈尊の「ジャタヤ・ジャティタ」（混乱の中で、手を取り合って歩みなさい）という教えが、師によって具現化されました▼師は単なる霊能者ではなく、科学的根拠をもって患者をヒーリングし、仏法を実践する求道者です。地道でかつ華やかな師の歩みは菩薩（ぼさつ）そのものです。師の実践は本物であるがゆえに、人々の心に真実として響きます。私がそのことに言及する機会を得られましたことは、誇らしく喜ばしいことです▼本書を書くために、師に多くの質問をし、師の歩みを確認しました。師には何度も草稿も見ていただき、適切な助言もいただきました。土曜例会の様子も本書（第5章）に組み入れました。本書は師との数々のやりとりの結晶です▼**万有聖力**を得るまでの師の心の歩みは辛抱の連続で簡単なことではなかったはずです。そのことを簡潔に説明するには無理がありました。しかし、私は無理を承知で、師の稀有（けう）な心の歩みを語ろうと思います。本書はそうした決意の表れです。土曜例会の式典でこの本を発表することができましたことは、師の「**万有聖力**の御利益（ごりやく）」の賜物（たまもの）です▼本書（シンハラ語版）の表紙はロハン・プリヤンカラ氏が作成しました。スリ・ダルマ・ウィハラヤ及びその経営者の方からは資金的協力をいただきました。マラダナ・スター印刷の皆さんは予定通りに出版してくださいました。その他、出版に携わったすべての方に感謝を表します▼宇宙に黙って広がる**万有聖力**を吸収することは師の特権です。師の手を通してその力をいただける私たちは幸運です。この御恩は決して忘れません。

解説者　サハンティニ・ラトゥナヤケ（はじめに、第4～6章）

英訳版発行の際の著者あいさつ▼出版に際し、ソマカンタ・ハエゴダ夫人からの多大の支援に感謝します。

2006年9月

著者　デルドゥエ・ニャナスマナ長老

英訳者あいさつ▼シンハラ語の『万有聖力の探求』を英訳する機会を与えてくださったデルドゥエ・ニャナスマナ師に心から感謝します。翻訳者として評価していただき、この意義深く、先進的な課題に参画する機会を与えられ、たいへん光栄です。これは私の人生始まって以来の大仕事であり、一生の宝物です▼翻訳の仕事は各種あります。その中でも、貴重で、価値が高く、内容の詰まったこの本の翻訳が私に回ってきたことに感謝します。原作を正確に伝えることは容易ではありませんが、可能なかぎり正確な翻訳を心がけました。原作の意味を変えることなく、適切な英語表現を探すことはたいへんでした。シンハラ語の独特な表現の解釈を巡って、師に直接相談することもありました。そうした苦労を乗り越えてこの本が出版の運びに至ったことは無上の喜びです▼師は翻訳に苦心する私を励まし続けました。「国内外の読者の皆さんのためには翻訳が必要で、そのためには君の才能が必要だ」と言ってくださいました。ここに、感謝の意を表します。

私の妻は、この本の出版のために私を支えました。最愛の娘ハルシ・ランディマ・ジャヤスィンゲは編集のために多大な時間を割きました。妻と娘に感謝の言葉を贈ります。この翻訳を通し、私の義務を果たし、微力ながら社会に貢献できたことを誇りに思います。

２００６年9月

英訳者　D・スィスィラ・ジャヤスィンゲ

和訳者あいさつ▼２０１１年3月に東日本大地震が発生し、師の来日が急きょ決まりました。私は7月に和訳を依頼され、10月に終えました。11月に師が来日して私と面会し、内容を確認しました。今回は限定版を発行して関係者に配布します▼原典はシンハラ語で、本書は英訳版からの和訳です。しかし、英語を日本語に訳したつもりはありません。英訳版を手掛かりに、原典を推測しました。日本語にない言葉は私がつくりました。たとえば、「ウィシュワ・シャクティ」を「万有聖力」と訳したのは私の仕事です。本書は英訳の和訳ではなく、原典推測ですから、解釈の責任は私にあります▼和訳の話を私にくださった須賀則明博士に感謝します。また、出版に尽力してくださったすべての人に感謝します。

２０１２年1月

和訳者　鳥居　修

はじめに

数年前、シンハラ語紙「ラクビマ」にニャナスマナ師の書いた記事が何度も掲載された。「この世に奇跡は存在しない。奇跡は心の中にのみ存在するものであり、心の中の奇跡も解明不可能なものではない」という記事は、今も記憶に残る。

師は今でも薬をまったく使わないヒーリングを続け、国内外1万人以上の患者の病気を治した（和訳時点）。催眠術も使わず、1、2日で心から病気を追い出すサービスの経験も豊富である。師はその間の患者の回復の状況を克明に記録している。

薬も聖水も使わず、ヒーリングだけで患者を治すことは奇跡だと思われた。だが、師に尋ね、奇跡でないことを知った。このヒーリングは、「物理科学的な力」「心の力」の組合せで行われる。そこに「奇跡」が入り込む余地はまったくない。師によって、西洋医学と東洋医学を融合した新しいヒーリングが始まった。以下に、その仕組みを説明する。

ヒーリングとは何か？

人は、様々な心の病気や体の病気にかかる。そのために西洋医学、民間療法、心霊療法がある。

発展途上国で生まれた心霊療法が、今ではヒーリングとして先進国にも広がった。多くの体験談もある。

師のヒーリングはスリランカ国民を驚かせた。初めは多くの人が疑問を感じた。その大半は「ヒーリングで病気が治るのか?」という疑問であった。「治す」という意味の「ヒーリング」によって、心や体の病気が治されたり、体調が整えられる。スリランカではあまり知られていなかったが、イギリス、アメリカ、日本、ドイツ、インドなどでは多くの人が体験済みである。

ヒーリングが通常の医療よりも優れている点もある。「見えない力」の存在は信じがたいが、その力は実在する。ヒーリングが始まると、患者は体でその力を感じ、次に心に作用する。体の力と心の力の合作である。

万有聖力

患者は最初に治療法を知りたがるが、言葉で説明するのは難しい。だが、師がハンドパワーで治療する様子を見れば、誰でもすぐに納得する。皆、手から発せられる力に仰天する。それは、実際に1万人以上の人々を救った画期的な治療法である（和訳時点）。

その力は、体の不調を吹き飛ばすために救いの手を差しのべる。その力は、木や鉱物からも吸収される。昔から、不思議なエネルギーが宿るハーブ植物は知られており、そこから多くの薬が調合された。昔の人はその薬で病気を治した。長い歴史の中で改良が進められ、現代の「エネルギー・ヒーリング」ではハーブのエネルギーを素早く人体に取り込むこともできる。

エネルギーを得るには2つの方法がある。1つは、人体のエネルギー・ポイントを活性化する方法である。人体には7つのエネルギー・ポイントがある。これらのポイントは、適切な瞑想エクササイズで活性化することができる。各エネルギーをそれぞれの方法で取り込めば心と体の疲れを取り除くことができる。達人であれば1人でできる。

もう1つは、達人からエネルギーを授かる方法である。その場合、達人を媒介して病気を治す医学力が患者の体に入る。「エネルギー場」で高水準の力を発揮するのがニャナスマナ師である。常人が心を高めた程度では、この力は吸収できない。その力について説明したり、利用するにはそれ相当の知性が必要である。もちろん、師のような高度のヒーリングは誰にでもできることでなく、高い**決意**が必要である。

東洋医学と西洋医学の融合

師はヒーリング・パワーを公にする前に数々の実験を試みた。師がこのパワーを得たのは最近のことではない。師はずっと以前からこの力をもち、多くの人の心や体の病気を治してきた。

師の手には不思議な力が宿っている。ピリトゥ・ヌラ（聖糸）は師の高尚な**決意**の象徴である。師はピリトゥ・ヌラをこしらえながら悩みを聞く。第4章では体験者たちがその効果を語っている。脳性麻痺（まひ）（50頁）、アルコール中毒（55頁）、離婚癖（58頁）の解決にもピリトゥ・ヌラが力を発揮した。ピリトゥ・ヌラが万能薬といわれる所以（ゆえん）である。精神発達遅滞であった私の息子も師に助けられた（52頁）。師は釈尊の名代（みょうだい）として、これからも人々に力を与え続けるであろう。

師のハンドパワーは生まれつきのものではない。師は長年にわたり心と体を鍛錬してそのパワーを手に入れた。師のエネルギーは豊富で、他人に分け与えることもできる。師の手から力を授かると、微風（そよかぜ）、熱さ、冷たさなど、人によって様々な感触がある。体に浄化された光線が入り、病気の原因である不純な光線が出て行く。誰でもできることではない。才能と無限の愛と驚異的な精神力が必要である。

師はイギリスやスリランカで心霊研究の実験・研究をした。師は研究を通して、正しい、新しい知識で瞑想を変革した。師は仏教瞑想界における新進気鋭のアーティストでもある。さらに、本の知識で訓練された単なる瞑想家ではなく、仏教瞑想の実践が豊富な高僧でもある。

優れた心と知恵をもつ師は、瞑想によって得た**万有聖力**を他人に分け与えることさえできる。何と素晴しいことであろう。師がイギリス、アメリカ、ドイツ、日本などの国を訪問した際、師は西洋の心理学者たちに情報を提供し、実験に協力した。その時、師もヒーリングについての特別な知識を獲得した。その知識が切っかけとなり、ヒーリング・サービスを始めた。師のヒーリングは従来のヒーリングの模倣ではなく、西洋医学との融合を実現した画期的なものである。

ヒーリングの科学

ヒーリングは、非科学的なプログラムではない。それは確かな科学的根拠で裏づけられている。多くのヒーリングの本が英語で出版されていて、小冊子にまとめるのは不可能である。だが、無理を承知で挑戦した。本書は、とくに**万有聖力**の話に焦点を当てた。人体にはエネルギーを吸収する主な7つのポイントがある。そのポイントは、インドでは「チャクラ」、西洋では「エネルギー・

ポイント」とよばれる。健康は7つのチャクラの調和によって保たれている。チャクラがうまく働かない人もいる。また、チャクラが過労の人もいる。チャクラが不均衡になると**万有聖力**が正しく取り込まれなくなり、多くの病気を引き起こす。

これらのチャクラが内分泌腺を通じて体の働きを左右する。副腎、生殖巣、すい臓、胸腺、甲状腺と副甲状腺、脳下垂体、松果体の7つの内分泌腺が7つのチャクラに対応する。チャクラがよく働かない人は霊気（オーラ）の調子が乱れる。その結果、対応する内分泌腺も弱まり、その内分泌腺に関係する臓器が病気になる。ヒーリングでは病気に対応するチャクラを判断し、そのチャクラを強化し、そのチャクラを通じて必要な**万有聖力**を取り込む。**万有聖力**が取り込まれると内分泌腺が働いて病気が治る。これが**万有聖力**の簡単な説明である。

人体からは見えない光線が出ている。ヒーラーはその光線を感じることができる。ヒーラーには光線の色が見えることもある。霊気をキルリアン・カメラで撮影することは普通の人でもできる。そのことは西洋の多くの研究者によって確認済みである（15頁と63頁参照）。

病気が長い人はチャクラも乱れ、霊気も乱れている。こうなれば肉体的にも精神的にも落ち込む。そういう時はヒーリングでチャクラの調子を戻せば霊気の調子も戻る。

ヒーリングは人によって感じ方が違う。冷たさや暖かさを感じる人もいれば、重みや針で刺されたような痛みを感じる人もいる。これらの感覚は心の錯覚ではなく物理現象である。それらの体験は科学的なデータとして確認されている。

ヒーリングには様々な効果がある。たとえば、ぜんそく、カタル、気管支炎、笛声音（ゼイゼイという音）、呼吸器系疾患、甲状腺疾患、心臓病、関節炎、神経系疾患、腎臓疾患、通常の熱などに効く。ほとんどの患者に効果が表れる。心が平静な患者にはより高い効果が表れる。心の調子を整えることで重い病気の患者が早期に回復した例も観測されている。

万有聖力は体の病気だけでなく、心の病気にも有効である。心の病気の場合、回復後もヒーリングを続けるとさらに効果的である。病気でない人も、ヒーリングで心と体の力を高めれば生活が活気づく。体のエネルギー・ポイントと体の霊気を制御することも可能である。快活さを求めてヒーリングプログラムに参加する外国人も多い。

※　『快活のヒーリング』という小冊子の出版に伴い、この序文を書き換えた。

サハンティニ・ラトゥナヤケ

るので、ニャナスマナ師は博士であるが、学者というよりも高僧の立場で活躍しているので、ニャナスマナ師とした▼「ピリトゥ」は「聖なる」という意味なので、「ピリトゥ・パン」（聖なる水）は「聖水」と訳した。「ピリトゥ・ヌラ」（聖なる紐）は「聖紐」（せいちゅう）でもよいが、「成虫」「誠忠」「正中」「掣肘」などがあり、紐を連想しづらい。ゆえに、聖糸（せいし）と訳した。単なる「ピリトゥ」は、文脈によって「経（きょう）」「聖言」と訳した▼ヒンドゥー教の「シャクティ」は「性力」と訳されることが多い。「ウィシュワ」は英語では「ユニヴァース」「コスモ」の形容詞形に当たる。ゆえに、日本語にするのであれば「宇宙」か「万有引力」の「万有」である。だが、日常語で宇宙は「地球外」「大気圏外」の意味である。ゆえに、「ウィシュワ・シャクティ」は「宇宙性力」ではなく「万有性力」の方がよい。さらに、「ピリトゥ・ヌラ」（聖糸）、「ピリトゥ・パン」（聖水）、「ピリトゥ」（聖言）にそろえて「万有聖力」と訳した▼第3章の「仏の心核」は、初めて読んだ時に「心意」「心位」「心格」であると思った。仏の心は常人より高位だと考えたからである。読み進めると「誰でも仏の心核をもっているが汚れ（よごれ）が付着していて顕在化していない」という内容であった。すると、「心核」か「心仁」が適切である。点のイメージの「心仁」より、やや幅があるイメージの「心核」とした▼「私の幸せ」「親しい人の幸せ」「生きとし生けるものの幸せ」を願うのが「慈悲の瞑想」である。「生きとし生けるものの幸せ」を考えれば政治や経済の仕組みを変える必要があるが、人々はそれまで待てない。また、社会システムを変えても四苦八苦から逃れることはできない。ゆえに、「慈悲の瞑想」で良い言霊（ことだま）を出すことには意味がある。第3章でいくつかの瞑想法を紹介するが、和訳者は特定の瞑想法や特定の団体を宣伝する立場にはない▼日本でも「オーラ」が通じ、外国でも「レイキ」（霊気）が通じる。迷った末に「オーラ」を「霊気」と訳した。「ハロー」は「後光」と訳した。第6章で「後光」と同じ意味で使われている「オウレオール」は、気象用語でもあるのでそのまま片仮名で表記した。英訳者が「ハロー」と「オウレオール」を使い分けているので、合わせた▼本書の「霊気」は「オーラ」のことで、「霊魂」とは無縁である。「霊魂」は検証不能のため、和訳者は肯定も否定もしない（63頁）。「ハンドパワー」は検証可能なので、簡単な検証法を載せた（16頁と56頁）▼88頁のアロパシー（逆症療法）、アーユルヴェーダ（古代医術）、ホメオパシー（同毒療法）の記述は解説者ラトゥナヤケの意見である。和訳者はいずれも推奨しない。

２０１１年10月

鳥居　修

目　次

第1章　万有聖力の研究

デルドゥエ・ニャナスマナ長老

青空瞑想

晴れた日は緑地や誰もいない空き地や浜辺で座り込み、果てしない青空を真剣に見つめた。雲が出ていようが出ていまいが、とにかく空を見つめた。私の瞑想には青空が必要だった。空っぽの大空を見つめると、私の心から溢れる考えやら思いやらが空に広がっていくように感じた。空は理屈抜きで私の心を引き寄せた。しばらくすると、私の心も空のように空っぽになった。そうなると何も感じず、何も考えられず、私の心からは目的も思考も消えてしまった。

不思議なことに、空も空っぽ、私の心も空っぽだった。その時、何かが生まれて青空に現れた。小さな泡がブクブク吹き出して、いろいろな形になった。ちっぽけで、柔らかそうな泡だった。子どもが吹いたシャボン玉のように、泡はプカプカ浮いていた。とてもきれいな真っ白な泡だった。白い泡に少し黒いものが混じっていた。黒いものは白い泡の中のあちこちに現れた。泡はすぐに消えて、また次の泡が現れた。空を眺め続けると、空はシャボン玉だらけになった。宇宙はシャボン玉の塊になった。

私は目を開けたまま、不思議な空に吸い込まれた。心の中で好奇心が膨らんだ。空の観察を続けると、私の心は好奇心でいっぱいになった。催眠術にかかったように次々と珍しい光景が現れるので、遊びのように新鮮だった。全宇宙がつながっているようだった。宇宙全体が調子よく動き出し、私の心と体を捕まえて縛りつけた。この宇宙の網からは逃げられる気がしなかった。泡沫（うたかた）のような人生は不確かで始まりも終わりもなく、浮いては消え、消えたら２度とは現れない。人は他人とくっついたり離れたりしながら生きていく。小さな泡のような存在だ。

青空を見続ける瞑想で、全宇宙が一体となって調子よく動いていることを知った。宇宙の動きに合わせて白い泡が躍りだした。私の心も泡と一体となり、輝き、いつか青空の泡沫となる気がした。私は瞑想の虜（とりこ）になり、暇さえあれば瞑想にふけった。曇った日は灰色の泡がゆっくりと浮かび、霧の日には黒い泡がもっとゆっくり浮かんだ。

この景色を見るには周りの静けさと心の静けさが必要だった。浜辺で心を穏やかにし、心の周波数を波の音と一致させた時、この景色が現れた。滝の流れと一致させた時も同じ結果が得られた。その時、宇宙は五感から入り込んだ。

穏やかな心で周りを見る時、普段の世界のもっと奥が見えてくる。音がはっきり聴こえ、香も味も豊かに感じられる。普段は鈍感な感覚も、心を穏やかにすれば繊細になる。だから、瞑想中は心を乱してはならない。冷静さ、平静さの維持が大切だ。このことは科学的な機器で簡単に証明できる。

集中力の測定は機械がやってくれるが、集中力を維持するのは人間だ。心が乱れた状態では宇宙の奥は見えない。

木と花

私の**万有聖力**は次の段階に入った。私は空に伸びた木の先を見つめ、心を平静に保ちながら集中した。気負いすぎると心が乱れる。心の制御は必要だがほどほどが何よりだ。瞑想の初心者は気負いすぎる傾向がある。不適切な体験や訓練、怠惰も瞑想の敵である。正しい方法で心を正しく導いたならば、快活で充実した瞑想が実現する。本当の宇宙を見るためには、心の調節が必要だ。私は心の平穏を保ちながら、青空と木の先を観察し続けた。

心で感じようとしたり、目で見ようとした。心の目は不可欠だった。私は木や花の先から細い緑の光が出ているのを見た。それは目を閉じた時に見える夢のようなものではなく、現実の光だった。それは手品ではなかった。だが、以前に私が見た小さい泡とは違った。青空には、木や花の先から出る細い緑の線だけがあった。私は心を奪われ、夢中になって見た。そして、深い瞑想に入った。私は催眠術にかかったようになり、か細い光が花の先から八方に広がるのを見た。伝統的な瞑想法にこだわらず、目を開けたまま瞑想を続けた。私の心は研ぎ澄まされた。好奇心と探究心に導かれ、心も体も解き放たれた。私は心を平静に保ち、次に見えるものを待った。

小さい泡が見え、細い緑の線が広がった。久しぶりに現れた泡が光の周りで躍っている。私は注意深く泡を見た。小さい泡が木から出たのかそうでないのか、わからなかった。泡は空から涌いたのか、それとも木から飛び出したのか、考えた。だが、わからなかった。宇宙と木をつなぐ不思議な力の正体は何か？泡が発生する仕組みは何か？空からは白い泡が吹き出し、木の先からは緑の泡が吹き出した。空と地球と木々をつなぐ**不思議な力**の存在が確認できた。

知識が深まるにつれて確信に変わった。私はしばらくこの訓練を続けた。空を見つめる訓練を重ね、脳内に平穏をつくることができるようになった。脳内の小さな空間が平穏の部屋となった。心を制御して対象物を見る際、以前ならば少し時間がかかっていた。だが、今は一瞬でできる。脳内の平穏空間が徐々に発達したからだ。平常心をもって目を閉じると、見たいものが普通に見られる。**万有聖力**は青空だけでなく木や花にも通じる。

6 室内植物

遠い空や木や花の次は近くのもので試した。集中力を発揮するためには心の平静が必要だった。私は寺の室内植物の観察を始めた。いつも同じ方法で植物を見た。初めは何も見えなかった。私は落ち着いて考えた。初めて青空を見た時の方法を思い出し、植物の最明点に目の焦点を合わせた。背景の明るさが重要だった。このように試行錯誤しながら、目的に応じて脳内の**万有域**を起動させるための訓練を重ねた。

緑と青が混ざった小さな植物光が見えた。それは、1~5インチ（3センチ~12センチ）の幅で光っていた。木から出る光とは違った。離れて見ると光が分散していた。晴れた夜の星のようだった。現れては消え、しばらく光ってまた消えた。緑は、赤になったり紫になったりした。

私は植物に近づいて、葉の間に手を入れた。何も考えないで手を入れても何も感じなかった。今度は心を制御して同じ位置に手を入れた。何も考えない時とは違った感触があった。植物の葉から発せられる光線から暖かみが伝わった。注意深く観察を続けた。指が針で刺されたような痛みを感じたが、痛みに耐えて葉から出る光線を確認した。この訓練で光線の識別能力は次第に向上した。

こうして**万有聖力**を吸収する仕組みがわかってきた。様々な物質が発する力を捉えて指からその力を吸収することができるようになった。私はこの能力を使って人の病気を治せると考え、脳細胞の鍛錬を続けた。

無生物の光

次に、無生物で試した。宝石や金（きん）も光線を発していた。石の光線は明瞭だった。外国では水晶が小分けされて病気治療に使われる。水晶でチャクラを回し、チャクラを均衡させて病気を治すヒーリングもある。私の手は無生物が放つ光線を感じられる。その能力を活かすこともできる。**万有聖力**は能力者だけのものではない。そのパワーを集めて能力者以外に分けることができる。たとえば、ピリトゥ・ヌラ（聖糸）やピリトゥ・パン（聖水）に**万有聖力**を込めて伝えることもできる。

万有聖力の知識がなかった時代も、心を鍛えた達人は**万有聖力**を取り込むことができた。達人が心の平静を保ちながらピリトゥ（聖言）を唱えると、この力が生まれて対象物に込められた。

人体の霊気

私は人体が発する光線を捉える訓練を繰り返した。植物の光線を捉えたことで、人体からの光線も捉えられると確信していた。まず、自分の手から出る光線を捉えようと考えた。私は自分の片方の手からもう一方の手に光線を送ってみた。最初は何も感じなかった。心を制御して同じことをしてみると、今度は自分の手の光線をはっきり感じた。次に、他の比丘（びく）や信者の協力を得て、皆の光線を捉えようとした。次第に、私の心は人体の光線を捉える検知器のようになった。私の脳細胞の特定領域が光線を識別する能力を得た。私には人体、木、無生物からの光線がはっきり見える。空に広がる力も見える。宇宙には普通の人には見えない力があるが、私のように見える者もいる。

だが、世間はこの不思議な体験を信じないだろう。馬鹿にするに違いない。このことに詳しい人もあまりいない。大多数の人は何も知らない。普通の世界の普通の人に説明することは難しい。だから私は沈黙を守り、心にしまって耐えた。時には体験を忘れて葬り去ろうとさえした。だがある頃、私はこの体験を公開して世間の理解を得ようと**決意**した。

昔の知恵

私は外国の識者が書いた著書、雑誌、記事を調べた。**不思議な力**に関する記述は少なくはなかった。植物の光線についてもあれこれ書かれていた。人体の光線についてはとくに詳しく書かれていた。多くの発見が報告されていた。インドでも、中国でも、日本でも、西洋でも、多くの体験談があった。科学的機器もない時代から、賢者たちは超心理学や超常現象を知り、不思議な体験を語っていた。多くの記録がそのことを物語っている。

科学的知識は世界中に広がった。現代では第三者が検証できない考えや、組織によって隠蔽（ぺい）された記録に正当性はない。だが実際は、宗教的な信仰や畏怖（いふ）が幅を利かせている。これからは、あらゆることを科学的な見地から論じるべきである。整合性のある論理と証明によって明確にされるべきである。人類は近代的知識を獲得し、科学的思考法が普及した。科学的思考法が普及する過程で昔の知恵は後退を余儀なくされた。だが、科学的思考法が昔の知恵を駆逐したわけではない。科学的方法は次第に昔の知恵と融合し、昔の知恵を科学的に裏づける立場に変わった。科学的思考法と科学的機器により、昔の知恵に科学的な根拠が付与され始めた。

人体、植物、金属、鉱物が発する光線の話は、インドでは紀元前から知られていた。現存するインド最古の文献『ウパニシャッド』（奥義書）によれば、この力は「プラーナ」（気息）とよばれ、ヨーガに欠かせない概念である。

中国でも「気」「陰陽」（いんよう）として紀元前から知られている。多くの病気は陰陽の不均衡に由来するので、中国の鍼（はり）療法では「陰陽」の均衡維持が重視される。

古代ギリシアの哲学者**ピュタゴラス**はこの力を「生命エネルギー」とよんだ。ピュタゴラスはこの力の正体を「光体」と考え、光体の健全化が病気を予防するとした。16世紀の錬金術師**パラケルスス**（スイス生まれ）はこの力を「生命力」と考えた。17世紀のドイツの哲学者**ライプニッツ**はこの力を「モナド」（単子）から説明した。

オーラの発見

18世紀のドイツの医学者**アントン・メスメル**は、この力の正体を「磁性流体」と考えた。「顕在意識や潜在意識と同様、無生物にもこの力は含まれる」と言う。メスメルはこの力を利用して催眠術を行った。19世紀のドイツの化学者**カール・フォン・ライヘンバッハ**は磁場における「オディック力」を考えた。ライヘンバッハは、磁場とは別に、オディック力が働くオディック場を考え

ライプニッツ

（計算中の）**ピュタゴラス**
ラファエロ「アテネの学堂」（部分）
1509-10年、ヴァティカン宮、
ローマ

メスメル

パラケルスス

た。水晶は磁石とは違って磁場をつくらないが、何かの力を発している。このことに気づいたライヘンバッハは「オディック力は磁力に依拠しない」と考えた。ライヘンバッハは、人が瞑想する際に太陽熱の電磁場が果たす役割を調べた。「人が困難に直面した時、その人のオディック場は赤、青、紫に染まる」と言う。

以上のように、この力の存在は東洋でも西洋でも昔から知られていた。19〜20世紀には、この力に関する広範な知識を科学的機器による実験で検証しようとする試みが世界中でなされた。20世紀序盤、イギリスの医学者**ウォルター・キルナー**は、体内に広がる霊気の確認法を発表した。キルナーはそれを「オーラ」と名づけた。キルナーは染色眼鏡を用いて人間のオーラを調べた。キルナーは人体が発する3層の光輪を観察した。第1層は皮膚から4分の1インチ（6ミリ）の暗い層である。第2層は皮膚から1インチ（2・5センチ）の層で、身体から蒸発しているように見える。第3層は皮膚から6インチ（15センチ）の層で、明るく輝いている。年齢、性別、体調、精神状態で異なるオーラが観察された。キルナーは「オーラによっていくつかの病気が判定可能である」とした。キルナーはオーラの色と痕跡によって病気の徴候を診断するためのシステムも開発した。このシステムによって、腎臓の異常、体の腫瘍（しゅよう）、虫垂炎、てんかん、ヒステリーなどの精神病を診断した。

エネルギー場の測定

20世紀中盤、イギリスの技師**ジョージ・ド・ラ・ヴァール**は、この「場」を「エマネイション」と名づけた。ド・ラ・ヴァールは生きた細胞から出ている光線を調べる装置を作った。ド・ラ・ヴァールは①放射線でエマネイションを測定して病気を診断する方法、②エマネイションを人体に放射して治癒力を向上させる方法―を開発した。ド・ラ・ヴァールは患者の髪の写真から体内の病気を診断した。体内の腫瘍、腎臓の腫瘍、肺の腫れ、結核、脳腫瘍なども診断した。細胞の不調の改善法も開発した。

20世紀中盤、ユダヤ人心理学者**ヴィルヘルム・ライヒ**がオルゴン・エネルギーを発見した。ライヒによれば「世界中のいたるところにオルゴン・エネルギーが存在し、空の色もオルゴン・エネルギーによって決まる。人体がオルゴン・エネルギーを感知することも可能である」。ライヒは高性能顕微鏡で人体を取り巻くオルゴン・エネルギーを調べた。そのための実験装置も自分で作った。

研究の中心はアメリカへ

20世紀中盤、研究の中心はアメリカに移った。**ハロルド・バー**と**F・S・C・ノースロップ**が「生命場」（LF）、**レオナルド・ラヴィッツ**が「思考場」（TF）を考えた。

20世紀終盤、**リチャード・ドブリン**、**ジョン・ピエラコス**、**バーバラ・アン・ブレナン**が「人体エネルギー場」（HEF）、**ヴァレリー・ハント**が「生命場」（バイオフィールド）を考えた。**アンドレア・プハリック**は「生命増強場」（ライフ・エンハンスィング・フィールド）を考えた。**ロバート・ベッカー**と**ジョン・ツィンマーマン**は、それの正体が「電磁場」であることを突き止め、「シューマン波」「脳波」を考えた。同じ頃、ソ連では「ビオプラズマ」とよばれていた。

この力について英語で書かれた専門書も多くあり、多くの実験や記録が残っている。中でも、アメリカの心理学者**アンドレア・プハリック**が行った実験は特筆に値する。プハリックは、ヒーリング・パワーをもつ能力者のハンドパワーを測定し、ヒーリング中にこの力がどう作用するか調べ、その解明に尽力した。プハリックの実験によって、ヒーラーの手が8ヘルツの磁場を形成し、その力で病気を治す仕組みがわかった。

ロバート・ベッカーは、ヒーラーの脳波を調べるために世界中を回った。その結果、ヒーリング中のヒーラーの脳波は7・8～8ヘルツであることがわかった。ヒーリングの方法や考え方が違っても脳波の周波数は全員同一であった（30～32頁）。

39年にソ連の**キルリアン夫妻**（セミョン・ダヴィドヴィチ・キルリアンとヴァレンティナ・フリサンフォヴナ・キルリアン）が発明したカメラは70年にアメリカに渡った。

元NASAの物理学者でヒーラーの**バーバラ・アン・ブレナン**はキルリアン・カメラでファントム・リーフ（幽霊葉）を撮影した。植物の葉を切り取ってから霊気の撮影をすると、そこには切り取られた部分の霊気も写っている。それがファントム・リーフである。最初、葉は普通の青い霊気を出していた。ブレナンが葉をちぎり、もう1枚写真を撮ると、霊気の色は呪われた血の色に変わった。次に、謝るように、優しく、丁寧に葉っぱに話しかけると、霊気の色は青に戻った（バーバラ・アン・ブレナン『光の手』上巻、河出書房、85～86頁より）。

肉眼で見えないものは、優しい心の目があって初めて見ることができる。多くの識者や研究者によって貴重な体験が寄せられた。これらを世に出すことが私の使命である。（ニャナスマナ）

〔和訳者による解説〕キルリアン・カメラは水蒸気に反応する。ファントム・リーフは残余水分による（63頁）。ハンドパワーの存在は簡単に検証できる（16頁と56頁）。（鳥居）

子どもでもできる ハンドパワーの実験（和訳者による解説）

【実験1】

振子を作り、紐の上端を固定する（下図は固定していない）。上端に手を添えて念じると、振子は念じた通りに振動する。手を添えることによって念力が伝導するからである。ひとたび振動が始まれば重力と慣性の法則で振動が続く。放っておけば、振動は次第に減衰するが、念力を送り続ければ減衰しない。

欠点もある。どこまでが慣性の法則でどこからが念力なのか区別がつかない。「手の振動で揺れているのではないか」「息で揺らしているのではないか」「風で揺れているのではないか」という疑問も否定しづらい。そこで、**実験2**を考えた（本書56頁）。

前後、左右、時計回り、反時計回りも自由自在

（文・イラスト＝鳥居　修）

第2章　万有域と万有聖力

デルドゥエ・ニャナスマナ長老

万有聖力への接続

外見とは裏腹に、心は不安定だった。潜在意識が私に語りかける。私が**万有聖力**を忘れ去ろうとしても、**万有聖力**の方が再び私の心に忍び込む。私が葬り去りたかった記憶はすぐに私の中で暴れだす。この体験が単なる思い込みではないことを証明することは難しくなかった。今はキルリアン・カメラがあるので可視化することも可能である。近代的な装置が黙って私の心を写しだす。西洋医学的な実験によって私の心の中にずっと巣食っていた何やら恐ろしげなものが取り除かれたような、そんな気がした。科学的機器ができる前、私は長いことあちこちで調べまわった。**万有聖力**は外界から働く力なのか？　それとも、心が外界に働きかける力なのか？　はたまた、外部の意思によってもたらされる力なのか？　今では「特別な引力が私を取り囲んで私を動かす」という結論に達している。

まず、私は気持ちよくソファーに腰掛ける。ひとたび瞑想の体勢に入ると地べたに座りこむのはつらいからである。瞑想の姿勢はヒンドゥー・ヨーガの姿勢からヒントを得た。「瞑想は簡単な姿勢でできるのだから何も修行に出る必要はない」という発想は釈尊から得た。釈尊は「どんな姿勢でも瞑想はできる」と教えた。瞑想の場はいつも自分の心の中にある。肉体的な苦痛を取り除くことによって心が和らぐことは、西洋の催眠術でも立証済みである。

私は全身の生理学上の位置関係に逆らうことなく、楽な姿勢で腰掛け、静かに目を閉じる。私が力を込めて想起すると、その想いは宇宙の果てまで広がり、遠くの青空、草木、宝石、金、金属、石とさえも一体となる。次々に新しい思いが生まれる。私は心の中で、覚醒された脳の中の宇宙に入り込む。私の頭が圧迫される。圧迫感が次第に増していく。眉と眉の間で、得体のしれない何かが急速に広がっていく。一体どうなってしまうのか、まったくわからない。圧迫感は永遠に続くような気がする。脳が宇宙に縛りつけられる。私の意識は鮮明だ。私は、この不思議な現象について注意深く調べた。

直感（第３の目）についても考えた。私の額に第３の目があり、宇宙とつながっているのか？全宇宙は私と共にあり、私自身の存在は曖昧だ。それとも、私自身が存在していないのか？私の頭の中から天空に広がる力についても考えた。私の頭から花火のようなものが発射されて大空いっぱいに広がった。その花火が消える様子を、私は静かに見守った。私は事態を理解した。のどからも同じ力が生まれて前方に発射された。胸、腹、へそからも同じ力が生まれて暴れだした。もはや、椅子に座っている感覚はなかった。私は磁石のように地球とくっついた。この取り留めもない、常人には理解できない奇妙な体験は私の心に入り込み、私を虜（とりこ）にした。

私は四方八方、上下に固定され、宇宙に閉じ込められる。もう身動きが取れない。まったく予期しない出来事だ。見えない糸で宇宙に縛られているようだ。私は冷静さを取り戻して観察を続ける。だが、打開策はない。さらに観察を続ける。深い溜池にはまってしまったようだ。壮大な力が、次第に私の全身を沈めていく。

このような金縛り体験が一定時間持続するようになった。これが睡眠時の夢のような体験とは違うことを何度も確認した。このことはよく調べた。**万有聖力**には集中力を維持するための種々の仕組みがあることを知った。私はこれらの仕組みを比較した。

『リグ・ヴェーダ』によれば、この世は空（アーカーシャ）↓風（ヴァーユまたはワーユ）↓火（テジャスまたはアグニ）↓水（アープまたはジャラ）↓地（プリティヴィーまたはブーミ）の順に具体化された。これはアーユルヴェーダの五大元素（パンチャ・マハーブータ）でもある。外界の物質も人体も風火水地の四元素からなる（四元素還元説＝90頁参照）。

私は唯物論に立ち、体と心の両方を客観的に理解するよう努めた。体を**万有聖力**の原理に従わせれば心の平穏を保つことができることがわかった。

手の平の撮影

ヴィクトリア（イングランド）では「心と体と精神」の研究集会に参加した。私がこの課題に関して情報を集めていた頃である。そこで霊気を撮影した。コンピュータに接続された特殊なカメラで私の霊気が撮影された。写真には霊気の色とチャクラの色が写った。霊気の研究者は撮影された写真について詳しく説明してくれた。霊気の形状、色彩、痕跡も明瞭で、説明も理解しやすかった。チャクラを観察するにあたり、生命が安定を維持する仕組みも説明してくれた。近代的な機器を使うことで、**万有聖力**の理解は相当に深まった。

その研究集会では別の展示室にも足を運んだ。そこにはキルリアン・カメラがあり、撮影方法も示されていた。私はキルリアン・カメラに興味があったので、このプログラムには是非とも参加したかった。そこでは私の手の平を撮影した。**万有聖力**の働きを身をもって体験していた私にとって、ハンドパワーの存在は既知のものであった。以前から、私の手には不思議な力が備わっている。その力をピリトゥ・ヌラ（聖糸）に込めて社会に貢献してきたつもりである。私がずっと感じていたこのハンドパワーを実証するためには、キルリアン・カメラで手の平を撮影することが必要であった。私はその機会に恵まれてとても喜んだ。

撮影後、写真を見ながらいろいろな説明を受けた。それまで、私は魂によって多くのことを知ったが公表せず、科学的思考と証拠集めを繰り返していた。今、キルリアン・カメラによってハンドパワーの仕組みが解明された。

研究者たちは私の手から霊気が放射される仕組みに関心を示した。私のハンドパワーで病気が治ることも言われた。そのパワーは強力で、ヒーリングをやめたならば、私自身が健康を害して心臓を患うと言われた。私はこれを契機に本格的にヒーリング・サービスを始めた。

ヒーリング・サービス

イングランドで数人の支援者たちにヒーリングをした。結果は大成功であった。私は仏教世界以外の地域の人々や、仏教世界の非仏教徒にも試そうとした。

スリランカに到着後、ヒーリング・サービスのプログラムを始めた。どんな薬でも治らなかった病気を、1滴の油も、儀式もなく、どうやって治すのか、人々は不思議がった。当初、私の支援者でさえも私のプログラムを怖がった。私にそんなことができるのか疑問視する人もいた。この独特な方法で私の威厳が崩れると心配する人もいた。

だが、ピリトゥ・ヌラ（聖糸）やピリトゥ・パン（聖水）を与え始めると、希望者が増え始めた。すでに**万有聖力**の知識もあったので、自信があった。一部の支援者だけを集めて、寺の一室でプログラムを始めた。自信があったが宣伝はしなかった。それでも口コミで広がった。これまでに1万人以上の患者を治した（和訳時点）。

このプログラムを何とよぶべきか、課題が残った。誰かが「ヒーリング」とよび始めた。今は「ヒーリング」という言葉もかなり浸透した。アメリカやイングランド在住のスリランカ人仲間や、アメリカ人の仲間にも助けられた。彼らは自分の国で出版された専門書を送ってくれた。私の経験に知識が加わった。今では、ヒーリングは確立されたプログラムとなった。私はアメリカやドイツでもこのプログラムを実行した。

世界中のヒーラーは、独自のヒーリング・メソッドをもっている。私のヒーリングは患者の体に手を触れない「非接触法」である。それは3つの手順からなる。

①患者の話を聞いて病気の相談に乗る。②どんなヒーリング・メソッドを行うか考える。病気の診断は容易ではない。ヒーリングについて考える時、その病気と、患者のチャクラや内分泌腺との関わりを知らなければならない。たとえば、ぜんそくは気管に関わる病気である。これは気

管と甲状腺を司る第5チャクラの問題である。まずヒーリングされるべきは気管と甲状腺である（86〜87頁に解説）。腺の汚れを取り去って正常化する。ヒーラーは病気の治療法に関する十分な知識をもち、患部を確認するための知識ももち、患者の体に手をかざしてスキャンすることで診断する。経験豊かなヒーラーは体の中のエネルギー阻害の箇所と不調のチャクラを的確に判定する。体から不快な力を取り除くことが重要であるため、ヒーリングの前段で病気の種類と治療法を確認する。この段で治ってしまう患者もいる。③エネルギーの移動を始める。ここで効果が表れる患者もいる。精神的ストレス、物忘れ、短気は、慢性的なものでなければすぐに治る。チャクラのバランスを取るだけである。

経験豊かなヒーラーにとって、チャクラの不調が心を乱すことは常識である。実際、適切なヒーリングは精神衛生や人格形成につながる。チャクラと催眠の関係が書かれた本もある。落ち着いた心、ハンドパワー、患者を治す気持ち、病気の適切な診断、病気と闘う十分な体力があってこそ、私のヒーリング・メソッドが上手くいく。患者にこの力を理解してもらう苦労も重要である。以前は、患者がこのメソッドを信じることで病気が治ると思う人が多かった。だが、ヒーリングは神がかりな治療でも何でもない。信じようが、信じまいが、病気は治る。**宇宙の力**を利用しているからである。

万有域と万有聖力

患者を治すために**万有聖力**を施した時、感じ方は人によってまちまちである。冷たい風を感じたり、電気ショックのようなものを感じたり、重さを感じたり、暖かさを感じたりする人もいる。それぞれの人が違った感じ方を体験する。私は実際多くの人に**万有聖力**を施してきた。患者たちは実際に体感し、結果にも満足している。病気が治ったことで、彼らは**万有聖力**の存在を実感している。このヒーリング・システムによって、**万有聖力**に関する私の体験は私だけのものではないことがはっきりした。

ほとんどの患者はヒーリング・サービスの数年後に**万有聖力**を実感するという。まったく薬を使わずに病気が治ったので**万有聖力**を信じたという。その後、一般の方にもパワーを分ける機会があってもよいと考えるに至った。人々は腰掛けて手を前に出す。私が力を発し、患者は自分の手にその力を捉える。患者は「力を感じた」と口をそろえる。私は「この力は病気を治すだけでなく個人的な問題を解決する力でもある」と説明する。このメソッドを通じて、私個人の体験が社会の体験に昇華した。実際、本当に多くの人々がこの力を体験した。

私は電話で**万有聖力**を送信するシステムを始めた。電話で患者の病状を聞き、私が念じて**万有聖力**を送信する。多くの外国在住者はこのシステムによって健康を回復した。**万有聖力**は電磁力と結合されて伝導する。瞑想の性能が向上したので、思った人に**万有聖力**を送信することも可能である。私は**万有聖力**を会得するだけでなく、この力を人類の利益のために役立てようと試行錯誤した。私は**万有聖力**の知識や体験を社会に発信することで多くの人々の病気が治ることを知っている。土曜例会の式典では「**万有聖力**で日々の生活が充実する」と説明した（本書第5章）。

幸運にも、**万有域**が**万有聖力**に接続する**万有期**について新しい直観が沸いた。瞑想を始めた頃からの様々な霊的体験が私の脳の活性化に役立った。空の泡や、草木の天辺に映える光を見た時、私の脳のどの領域が反応しているのか考えた。心の平穏を保って何かに取り組んだ時、私の脳の中のどこが反応するか把握するために訓練した。心霊研究の知識により、脳が活性化する際に特定の細胞が反応していることを知った。

普通の人の脳は数百万の細胞で構成されるが、日常の活動はその中の一部の細胞で営まれている。脳内の残りの細胞は、遺伝によって受け継がれた活動を思い出そうともしない。**万有聖力**を発揮する特殊な細胞は脳内に幅広く分布する。**万有聖力**を探究する過程で、私は大小様々な体験をした。これらの体験を通して、私の脳の中の細胞の機能が整理された。実際、脳細胞というものは普通の生活の中で整理されるものである。

優しい心（決意）

霊的な力を他人に役立てようとする**決意**は、長い間私の人生を導いてくれた。私は幼少の頃より、私の知識によって他人を悲しみから救い、問題解決を助けるために祈りを捧げ、ピリトゥ（聖言）を吟じた。社会奉仕の**決意**は私の人生そのものとなり、私はそれを繰り返した。私の**決意**が私の脳細胞を活性化させた。この**決意**は私の人生に不可欠のものであった。**万有聖力**の理解によって私は手から出るヒーリング・パワーが使えるようになった。私が放つハンドパワーは病気の人を治すことさえできる。石油ランプの灯りも要らず、宗教的な呪文も要らず、種も仕掛けもなしで、私は病気を治すことができる。患者が私に症状を訴え、私が病気を診断し、私の脳を優しい心（**決意**）で満たし、患者にこの**万有聖力**を与えるだけである。これまで1万人以上の患者をこの方法で治した（和訳時点）。これは、私が**万有聖力**を授かって以来の**決意**にもとづく社会奉仕であった。

ヒーリング・サービスの経験も豊富となった。この間、脳細胞の配列は**決意**に依存することがわかった。私の脳が優しい心（**決意**）で満たされると、脳の配列が変容して**万有聖力**が吸収される。この**決意**によって尋常ではない力が宇宙からもたらされ、細胞によって吸収され、ハンドパワーとして発せられる。

一般に、高尚な**決意**をもって社会的役割を果たそうとする聖人は脳の特定領域を理解している。それらの細胞を活性化させることで、聖人は天才として世に出る。私はこれらの細胞とその活動領域を**万有域**と名づけた。**万有域**は働き者で、私にとって馴染み深い存在である。それは、実践的な人生の道標（みちしるべ）となるような良い**決意**（たとえば親愛）や、万人共通の普遍意志（**決意**）を司る、人間の脳の特別な領域である。

ヒーリングにおける**万有聖力**の役割を語る時、心のチャクラの話が不可欠である。このチャクラが**万有聖力**を取り込むためにとくに重要な役割を果たす。人を治す時、優しい心（**決意**）の形成が不可欠である。この時、チャクラを通って体内に入り込む外的な力がある。この力を取り込むために、私は脳を活発化させる訓練を続けた。**万有聖力**吸収の拠点はチャクラであるが、脳を使ってその力を全身に送る必要がある。この力が体内に取り込まれる際、間違いなく心のチャクラが重要な役割を果たす。

この力は体内に取り込まれる前は共通のものであった。これを第1エネルギーとよぶ。通常の系ではこのエネルギーがチャクラを通って体内に接続し、脈から神経系に入り、内分泌腺に接続し、血液成分として血管に入る。それが体内に浸透して主なエネルギーに変換される（89頁に解説）。これが第2エネルギーである。解剖学的にいえば、このエネルギーを制御するのが脳の基本的な役割である。こうした知識を得たうえで、私はエネルギーが動く際の脳の働きを考えた。そして、**万有域**を思いついた。

万有域という概念を考えたのは私が初めてかもしれない。というのも、今までこのことが書かれた本に出会ったことがないからである。顕在意識と潜在意識が脳内でいかに結合するかという問題は心理学以外の分野では話題にさえならなかった。だが、これからは顕在意識に関わる精神的領域と潜在意識にかかわる精神的領域の違いにもっと関心を払うべきである。**万有域**について、脳内接続の問題を無視し、心理学の課題としてのみ語るのは非論理的で乱暴である。心を分析する際、脳内接続の問題は無視できないはずである。客観的な立場で事実と向き合ったならば真理は自ずとみえてくる。

私は「**万有聖力**を取り入れることで脳内の特定の活動が人の行為に影響を与える」という結論に達した。脳内の一部の細胞が起動してその目的が達せられる。これらの細胞を起動することは適切な訓練を受ければ誰にでもできる。これらの細胞の起動で**万有聖力**が入り込み、多くのことが成し遂げられる。通常の程度を超えた能力が覚醒されるが、奇跡でも何でもない。

シューマン波

ヒーラーは宇宙の力を体内に取り入れ、その力を患者に発してヒーリングを行う。その時、ヒーラーの脳は活性化状態にある。活性化状態にある脳の領域を、私は**万有域**とよぶ。私の考えを実験で確かめたのはロバート・ベッカーとジョン・ツィンマーマンである。シューマン波に関する記述のほとんどはベッカーによる。

ニューヨーク州立大の**ロバート・ベッカー**教授は、ドラマーとヒーラーの脳の状態を比較した。ドラマーはドラムを叩きながら行進する。ドラマーがドラムを叩く時、曲に合わせて足を上げる。それは事前知識なしにすぐにできる。ベッカーは足の振動数を7・8〜8ヘルツと測定した。べッカーはこの上下運動をシューマン波であると考えた。また、それが地球の磁力によるものであると考えた。

ヒーラーはドラマーと同様の2通りの脳内結合を起こしていた。ヒーラーが脳波を接続するとシューマン波や地球の磁場とも接続するが、もう1つ、同期化段階にある波の一部とも接続する。また、ヒーラーが患者をヒーリングする時、ヒーラーの脳波が複雑化することがわかった。その時の波がヒーラーの脳の一部と接続し、シューマン波を呼び寄せる。ベッカーは「患者をヒーリングする時、ヒーラーは地球の磁場のエネルギーを利用している」と述べた。

生物電磁気学研究所（BEMI、リノ、ネヴァダ州）の創設者で、理事長の**ジョン・ツインマーマン**博士は、ヒーラーに関して詳細な実験を行った。ヒーラーは準備段階において地球との接続を試みる。「不純化された力が地球に吸収される」と考える者もいた。ツインマーマンらもそう考えた。ツインマーマンは「これがヒーラーについての科学的な見解である」と言う。ツインマーマンはまた、ベッカーのように、地球の磁場について興味を示した。ツインマーマンは地球の磁場と他の波がいかにして脳で接続されるかについて考えた。また、ツインマーマンはベッカーの考えにもとづき、地球の磁場がいかにしてヒーラーの脳と接続されるかについて述べた。

ツインマーマンは「シューマン波がヒーラーに接続されて左脳と右脳で釣り合う」と言う。シューマン波が釣り合った時、7・8〜8ヘルツの科学的に適正な状態が生じ、アルファ波と思われる波が発生する。ヒーラーは脳をこの状態にしてからヒーリングを始める。ヒーラーが手から力を放つとそれが患者に伝わる。この時、患者の脳からもアルファ波が発生する。患者の脳波も7・8〜8ヘルツとなり、ヒーラーの周波数に近づく。前述したように、ヒーラーは地球の磁力を含む波を患者に与えることができる。ヒーラーと患者の間で起こっている脳波の複雑なやり取りはこうして確認された。

これらの研究記録によって、脳は外的エネルギー接続のための中継所であることがわかった。脳の中でその役割を担う領域を**万有域**とよぶ。

資料 脳波の基礎律動（和訳者による解説）

デルタ波　1〜4ヘルツ
シータ波　4〜7ヘルツ
アルファ波　7〜13ヘルツ
ベータ波　13〜30ヘルツ

第3章　仏の心核

デルドゥエ・ニャナスマナ長老

私は多くの霊的体験を踏まえ、**万有域**に関する知識を得た。その際に、仏法（ダンマ）の理解がとても役に立った。逆に、**万有聖力**の瞑想を通じて仏法の理解を深めた。私の精神的な履歴が社会の役に立つかもしれないので、以下にそれを公開する。

手軽な瞑想と伝統的瞑想

万有聖力を得るためには長年の瞑想訓練が必要であった。三蔵仏法の研究で王立学位・名誉学位を取得した私は研究の実践に関心をもち、瞑想を始めた。私はスリランカの瞑想法について調べた。様々な瞑想家がいて、様々な瞑想方法があることを知った。私は種々の瞑想センターに出向き、本に書かれた瞑想法を実際に体験し、瞑想家を取材した。

ミャンマーの**マハーシ・サヤドウ**（１９０４～１９８２）が考えた瞑想法は、「気づき」（サティ）を重視する。たとえば腹が膨らんでいるかへこんでいるかを観察して呼吸の状態に「気づく」。「気づき」を言葉によって確認（ラベリング）し、実況中継する。ヴィパッサナー瞑想（観＝かん）の前に、サマタ瞑想（止＝し）として慈悲の瞑想を行う。

同じくミャンマーの**サティァア・ナラヤン・ゴエンカ**（１９２４～２０１３）が考えた瞑想法は

10日間の合宿で終わる。最初の3日間はアーナパーナというサマタ瞑想で呼吸を観察する。ラベリングは行わない。残りの7日間でヴィパッサナー瞑想を行う。10日目は慈悲の瞑想も行う。

（37頁に続く）

資料　**慈悲の瞑想**（抜粋）

私が幸せでありますように
私の親しい人々が幸せでありますように
私の嫌いな人々も幸せでありますように
生きとし生けるものが幸せでありますように

〔和訳者注〕 慈悲の瞑想はサマタ瞑想の簡略形であり、1分でもできる。良い言霊（ことだま）を出すことで幸せな気分になり、人間関係が良好になる。「ただ」で幸せになることを知れば、変な団体に寄付を強要されることもない。ディズニーランドでも「世界は1つ」という内容の歌が繰り返され、仏の**心核**が疑似体験できる。コンセプトは同じだが、ディズニーランドの方は交通費と入場料がかかる。

●日本でも体験できるミャンマー式瞑想（36頁は和訳者による解説）

◆マハーシ式…慈悲の瞑想（簡単なサマタ瞑想）→すぐにヴィパッサナー。日本テーラワーダ仏教協会の『ヴィパッサナー実践&慈悲の瞑想』（120分のDVD）で体験可。2千円（税別）で済む。

◆ゴエンカ式…アーナパーナ（サマタ瞑想）3日間→ヴィパッサナー7日間。京都か千葉で合宿。日本ヴィパッサナー協会が実施。

◆伝統的な瞑想法…サマタ瞑想だけで10年以上→それからヴィパッサナー。外国で出家しないと難しい。

◆和訳者の考え…瞑想の集団の中にカルト信者が混じっていたらどうするか？瞑想の団体自体がカルトであったらどうするか？「想定外」というわけにもいかない。実際、カルトは暴力団と同じで愛想よく近づいてくる。仲間になれば布施や出家が強要され、脱退は妨害される。真面目で学習能力が高い人は組織の奴隷となる。縁を切るのも骨が折れる。あなたの財産が幹部の高級車・豪邸・愛人に化けるようであれば瞑想ではなく迷走である。

「自分と人類の幸福」という本来の目的で瞑想に励む人とまで縁を切る必要はない。参加する際に、必要な費用を負担するのも問題ない。瞑想自体よりも、瞑想仲間の見極めにこそ「**心核**」が問われている。いずれにしても、和訳者は特定の瞑想や特定の団体を宣伝する立場にはない。

（鳥居　修）

マハーシ式とゴエンカ式はサマーディ（三昧＝さんまい）に至るサマタ瞑想（止＝し）を省略し、すぐにヴィパッサナー瞑想（観＝かん）に入る。一方、実践よりも理論を重んじる伝統的な瞑想は、ブッダゴーサの『清浄道論』（ヴィスッディマッガ）に従い、ヴィパッサナー瞑想の前のサマタ瞑想が省略なしで行われる。お手軽な瞑想法がスリランカに伝わった時、仏陀の教えと違う瞑想が許されるべきか、大いに議論された。だが、簡潔さが普及を促進した。

私は瞑想の仕組みを解明するために、時間をかけて本格的な研究をした。大学で仏教とパーリ語を専攻して博士号をめざした。私は「瞑想の条件（平常心と集中力）」というテーマで論文を書いた。論文を書くために、三蔵や注釈書で瞑想に関する記述を丹念に調べた。釈尊の瞑想法の詳細を論文にして博士号を取得した。仏教的な瞑想に関する記録の欠落を補完しながら体系を完成させた。

釈尊の声

『アングッタラ・ニカーヤ』（増支部経典）（48頁に解説）の「ティカ・ニパータ」の「パンスドホワカ経」は、私の研究に大いに役立った。私の瞑想研究は「パンスドホワカ経」なしではあり得なかった。「パンスドホワカ経」には、釈尊が様々な場所で様々な人に説明した様々な瞑想法が載っていた。経典の一節や四文字熟語が多くを教えてくれた。根気よくパーリ語の経蔵を読めば誰でも釈尊の法に出会うことができる。私のように夢中になる人もいるはずである。

釈尊はもういないが、経蔵がある限り釈尊の教えは不滅である。僧や信徒に発せられた釈尊の説法は今でも生きている。探究心と信仰心をもち、気合を入れて経典を読もう。そうすれば心の中に釈尊の声が鳴り響く。**ブッダゴーサ**は『清浄道論』（ヴィスッディマッガ）と「三蔵」全般のパーリ語注釈を書いた。ブッダゴーサ（仏音＝ぶっとん）という名は「仏陀の声」を意味する。ブッダゴーサは釈尊が存命中に説いた法を理解して今に伝えた。それゆえ、根気よく経典を読む者は誰でも釈尊の声を聞くことができる。

「パンスドホワカ経」との出会いは衝撃的であった。釈尊による説法が私の心に鳴り響いた。私は経典に没頭した。目の前で釈尊が説法しているようであった。私は気合を入れて経典を読破した。人間はどのような心で生きていくべきか？「パンスドホワカ経」には次のように書かれている。

釈尊は心の浄化を金細工に例えた。それは４つの段階を経る。①砂金が土と小石にまみれている。職人とその弟子たちが鉢に入れて不純物を取り除く。②職人たちは大雑把に汚れを取っていく。③砂金はまだススで覆われている。砂金が流れないようにススを洗う。④最後に火皿で熱する。これが非常に難しい。金は輝くが、まだ商品価値がない。職人たちは何度も息を吹きかけて十分なめらかにしてから装飾を作る。

人の心も砂金の如しである。砂金が土や小石にまみれているように、人の心は汚れた体、汚れた言語、汚れた心の中にある。たとえ禁欲しても、欲望、悪意、暴力の感情が人の心を包囲する。第3段階の砂金にススが混じっているのと同じである。これらの人種差別的偏見を拭い去ったとしても、心はまだ何かに閉じ込められたままである。それは、小さな砂や金の周りのススのようである。**心核**はこれらの4段階を経て顕在化する。心も砂金も輝くまでの道のりは同じである。

私はこの教えを肝に銘じて読み通した。経典の読むためには心得がある。心、体、語を制御することである。心を落ち着け、乱れた心を捨て、淫行、悪意、暴力から解放されるべきである。宗教、国、言語などのしがらみから脱却する必要がある。私は**心核**を覆うものの正体を突き止めた。私はそれを以下のように理解した。

差別の克服

仏の優れた**心核**には人種差別の汚れや付随する小さな汚れ（よごれ）が付着している。これらの汚れを根気よく落として心の中を浄化することが必要である。人は人種、国、党、文化とつながっているので、多くの人は汚れた下心なしで考えることができない。釈尊によれば、下心には2つある。1つは淫らな感情で五感を満たそうとする執着であり、もう1つは世俗的な欲望に対する執着である。淫らな感情や淫らな見解が論争と闘争を引き起こす。社会平和のためにはこの2つの執着を取り除かなければならない。仏教の実践の目的はそこにある。

私は自分の心の汚れを落とす作業にかかった。国籍差別の汚れが付着している。国籍に大きな執着心をもっている者は国家主義者である。こだわりが強ければ異常な国家主義者となる。まず、異国人排斥を考える。排斥することが当然のことであると思い始める。国籍差別の汚れが人道主義を脅かす。人種差は因果応報と考えられがちであるが、釈尊は人種差別には根拠がないと考える。人種差は単なる自然的区別である。自然の人種差を心の中の人種差別にしてはならない。自然的人種差を理由に人種差別的な偏見をもつのは人間の弱さである。仏教では自己満足や他人への侮蔑は心の病気と考えられている。

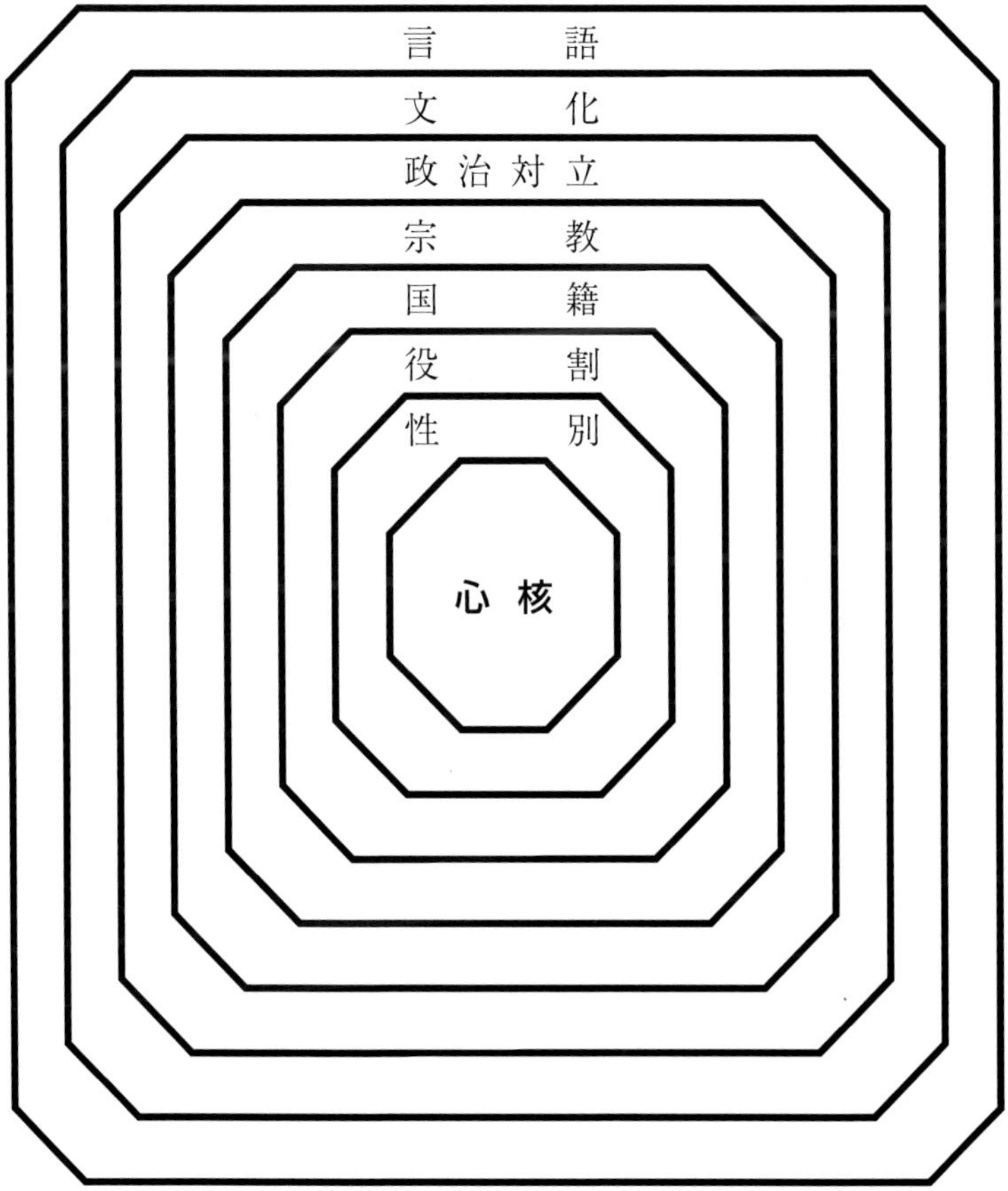

言語
文化
政治対立
宗教
国籍
役割
性別
心核

仏の心核

汚れの実態がわかった。釈尊の教えによって汚れの流入経路も知った。これらの汚れを取り除かなければならない。国籍差別の執着は危険だが無国籍主義への傾注も駄目である。中庸は仏教の要諦である。世界共同体には人種の違いや個人個人の違いがある。それは当然である。「人は人」と考えよう。こうして、心の汚れを1つ1つ拭き取った。「世界は1つ」と思えてきた。私は仏の**心核**に達した。

「パンスドホワカ経」では、**心核**は終点ではなく心の交差点である。この交差点に立てばいろいろな**心核**に進むことができる。これは仏の心的能力を得るための始発点である。穏やかで静かな**心核**の達成は宇宙の中に親愛という共通認識を生むための必要条件である。

幼い頃より、他者を助ける**決意**をもつ時にこの**心核**が顕在化した。他人のために聖言を繰り返した時、私の心に幻影が見えてその人の悩みの原因がわかった。初めは、ばかげた幻影であると思った。幻影は好きではなかったが、瞑想を始めるとこの種の幻影が見えた。高僧は「想像上の幻影を無視せよ」と言った。時々、人の心の中の**決意**が具体的に表れる。心が穏やかな時、これらの幻影が見える。これらの幻影は心の中のことであり、現実のことではなかった。夢と思われることもあった。瞑想中に幻影の相手をする必要も感じなかった。

以前は、聖言を繰り返して心を穏やかにしさえすれば幻影が見えると考えていた。だが、それは違った。私は他人の個人の悩みや家族の悩みと対峙する時、心を穏やかにして聖言を繰り返した。その時、私の心にその人たちの幻影が見えた。私はこの能力を高めるために奉仕活動をして回った。私は人々の悩みを聞いて聖言を繰り返した。相談者の家では死者の幻影が見えた。家族にそのことを説明すると、家族は死者との関係を語り始めた。

それからは、聖言を繰り返すことで大きな力を得、霊を鎮めては人々の悩みを解決した。しばらく、この奉仕を密かに行っていた。次第に、第2世界（見えない世界）についての知識が深まった。私が聖言を唱え、聖糸、聖油と聖水を配っていることが知られるようになると、外国からも招かれた。私が精神的な力を獲得するためにはこれらの奉仕が不可欠であった。こうして私は仏の**心核**に達した。私が奉仕としてこれらを続けていた時、私の体も変化を続けた。私は大々的なやり方を嫌い、黙々と奉仕を続けた。

外国を訪問する機会にも恵まれた。外国では、西洋の専門家の著書を読んだり、直接話を聞いたりもした。私が幼い頃に身につけた力を科学的に解明しようという気持ちはますます高まった。

私はさらに心霊研究を続け、**万有聖力**にたどり着いた。私が**万有聖力**を探る時、仏法上の体験が役立った。経験上、脳は仏の**心核**に入ると活性化して大きな仕事をやり遂げる。私はこの脳の活動を科学的な手法で確かめた。脳と催眠術に関しては西洋の専門家の知識が大いに役立った。これらの知識を使い、**万有域**の直観力を起動させて**万有聖力**を吸収した。

では、霊視能力をどう説明するか。ある日、国の機関紙「ラサワヒニ」に心理学に関する面白い記事が載った。訓練の紹介であった。少し離れた場所に釈尊の絵を置き、絵の前に座り、目を閉じず、しばらく絵を見つめる。しばらく見つめた後、目を閉じると、2、3分後に絵が浮かび上がる。潜在意識が起動するからである。ヒントはそこにあった。

指導を受けて訓練を始めた。ある日、無心で長時間目を閉じていると、大きな静けさと喜びを感じた。この幸福感と訓練初成功のことは、寺の中で知り合いの僧に伝えた。この僧は私のやり方が間違えていると指摘して残念がった。私は茫然自失で暗闇に落ちた。気が遠くなった。考える時間が欲しかった。だが、私は指導を受けるために教室に向かった。高僧への説明が認められた。私は説明した。高僧からポケットラジオが渡され、歌を聞くよう言われた。普段は寺でラジオを聴くことは禁止されていたが、その日は許された。心は次第に落ち着いた。だが疑問は解決しなかった。私は恐怖心を克服するために精神的な修行に励んだ。一方、音楽を聞くたびに信仰心が強まった。

仏の心核と潜在意識

1人で当時人気の空想科学小説を読みあさった。心理学の本もたくさん読んだ。次第に心理学に詳しくなり、仏教哲学の心理学的側面にも関心をもち始めた。心理学者とも親しくなり、催眠術も学んだ。心理学の知識が深まるにつれて心霊研究の基礎ができあがった。仏の**心核**からの**万有域**の覚醒は潜在意識の強い覚醒であると知った。

様々な心の汚れ（よごれ）が人の意識を覆っている。これらの汚れが強いうちは仏の**心核**は顕在化しない。また、意識のパワーが増大し過ぎても潜在意識の活動は顕在化しない。仏法心理科学によれば、必要なのは調和と均衡である。仏の**心核**は民族差別から脱却するための普遍的な心である。潜在意識もまた普遍的な心である。仏の**心核**は確固たる愛情のこもった親切の土台となる。仏の**心核**は世俗の汚れを取り払い、創造と実践を生み出すための必要条件である。また、潜在意識は創造力のための必要条件である。

◆決意と心核（和訳者による解説）

情けは人のためならず

▼お金のために働く人は幸せになれない。お金は皆が欲しいのだから、お金に第一義性を求める人は無駄な争いが避けられず、結局お金も得られない確率が高い。本当に得をしたければ、考え方を改めるべきだ。社会のため、組織のため、家族のために働き、その結果としてお金をもらう。労働の対償としてお金をもらうのは当然だが、そこに第一義性はない▼日本人の場合、60歳になると経済的にも精神的にも余裕が生まれ、お金のために働く人の割合が減る。男性50代55％↓60代44％、女性56％↓44％だ（内閣府「国民生活に関する世論調査」２０１０年）。現役世代でも「社会の一員として、務めを果たすために働く」と答えた人は10％以上いる▼概して、自己のために働く人よりも他者のために働く人の方がよい仕事をする。自己のために働く人は脳の一部しか使っていないので力が発揮できない。しかも、周りの人が敵に回るから本当に損をする▼日本人は昔からそのことを知っている。「情けは人のためならず」ということわざがそれを示している。人は社会性をもった時に脳が活性化して大きな力を発揮する。ニャナスマナ師が社会貢献の**決意**を明確にした時、脳内の**万有域**が起動して**万有聖力**を得る。当然でさえある。

正直者が馬鹿を見る

▼勤勉で真面目ほど恐ろしいものはない。組織に忠誠心を尽くすだけならヤクザやカルトと一緒だ。日本帝国軍の特攻隊も、イスラム過激派の自爆テロも、滅私奉公に支えられている。偽装工作、隠蔽工作も、真面目な社員によって行われる。「愛国心」という言葉でごまかされてはいけない。国民や国土を愛する愛国心なら賛成、国体護持の「愛国心」なら御免だ。社長の立場より消費者の立場を優先させることが、あらゆる職業で常識になることを願う▼敵にも家族や仲間がいる。想像力を欠いた正直者は決して幸せになれない。「敵を倒すために組織一丸で頑張る」という考えはスポーツだけでよい。そのスポーツも試合が終わった瞬間にノーサイドだ。２０１１年夏、世界一でも馬鹿騒ぎをせず、アメリカ選手に敬意を表したサッカー・なでしこジャパンの宮間あや選手に仏の**心核**をみた▼「私の幸せ」「親しい人の幸せ」「生きとし生けるものの幸せ」という3つのベクトルをバランスよく考えたのが35頁の「慈悲の瞑想」（サマタ瞑想の一部）だ。マハーシ式やゴエンカ式のお陰で瞑想は身近になったが、本格的な瞑想は達人でないと無理だ。凡人は「慈悲の瞑想」を唱えて小さな幸せを感じよう。

２０１１年10月　鳥居　修

解説「**アングッタラ・ニカーヤ**」**は**「**経**」**の一部**（本文37頁）

入滅（釈尊の死）は前383年頃である。**第一結集**（けつじゅう）は、入滅から3か月目の雨安居（うあんご）に行われた。「**律**」（りつ）はウパーリ（持律第一＝じりつだいいち）の暗唱にもとづき、「**経**」（きょう）はアーナンダ（多聞第一＝たもんだいいち）の暗唱にもとづき確認された。当時は筆記ではなく、マガダ語（パーリ語）の口承であった。

入滅の1世紀後、教義の研究は活発であった。高僧たちは貴族や大商人の保護を受けて生活に不安はなく、教義の研究に励んだ。前280年頃の**第二結集**で意見対立が激化し、上座部（小乗）と大衆部（大乗）の2派に分かれた（**根本分裂**）。上座部はスリランカや東南アジアに伝わり、大衆部は中国、日本、中央アジアに伝わった。

「**論**」は、アショーカ王（前268年頃～前232年頃）の時代に行われた上座部の**第三結集**で初めて話し合われた。これで、「経」「律」「論」の「三蔵」がそろった。

スリランカに伝わるパーリ語の「三蔵」（ティ・ピタカ）は「南伝大蔵経」ともいわれる。「増支部経典」（アングッタラ・ニカーヤ）は、その中の「経」（スッタ・ピタカ）の一部である。

第4章　体験談

（編集）解説者　サハンティニ・ラトゥナヤケ

(1) 体の病気、心の病気

【体験1】脳性麻痺の女性（女性が語ったこと）

私は長い間、ナイン・ハーツの系列会社で働いていました。2、3年前、片方の目の視力が悪化し始めました。診断で脳のがんが見つかりました。夫、若い息子、小さな娘と幸せな家庭生活を送っていた私は、たいへんなショックを受けました。医者は手術を勧めましたが、「その手術はスリランカではできない」と言いました。ナイン・ハーツの経営者たちの努力でお金が集まり、チェンナイ（インド）のアポロ病院に入院しました。命の危険があったので、手術以外のいろいろな治療を受けました。検査の結果、脳に3つの腫瘍（しゅよう）が見つかりました。

私は1か月半後にスリランカに帰国しました。2、3日は大丈夫でした。しかし突然、片手片足が麻痺（まひ）して話せなくなり、口が曲がりました。私はコロンボのアスィリ病院に移りました。入院中、友人とその夫が私を訪ねました。彼女の夫は専門医でした。2人は一旦帰ってから少し話し合って、また私のところへ来ました。「心のパワーで患者を治してしまう高潔な宗教家がいる。その方に会いたいか？」と私に聞きました。私は「治ったら電話する」とだけ答えました。私は灰とピリトゥ（聖語）とピリトゥ・パン（聖水）とピリトゥ・ヌラ（聖糸）をいただきましたが使いませんでした。

しかし私の体調は回復に向かい、2週間後に退院しました。私は友人に電話して、「師に会いたい」と伝えました。歩くことができた私は、友人と一緒に師を訪ねました。いや、歩けなかったとしてもきっと訪ねたことでしょう。

私は師に、「脳の病気で体が麻痺しました」と伝えました。週1回のヒーリングを半年ほど受けました。続けてみると、次第に安心感のようなものを覚えました。ある日、私を検査した専門医は私の具合を見て、「病気が治っている」と言いました。検査結果をアポロ病院に送りました。検査結果に皆が驚き、私に「治っている」と知らせました。

私は今、またナイン・ハーツで働いています。この貴重な体験を語ることは、私の役目です。友人が私の世話をしていた頃、専門医である友人の夫が「助かる見込みはない」と言いました。しかし、私は家族と一緒に幸せな人生を過ごしています。

今はただ、私を助けてくれた最高聖職者に感謝して祈りを捧げます。

【体験2】精神発達遅滞の子（本書解説者ラトゥナヤケの子）

師の寄稿がスリランカのシンハラ語紙「ラクビマ」に掲載されていた頃のことです。

私たち夫婦は3歳半になる息子の多動症のことで悩んでいました。息子は少しもじっとしていられませんでした。医者は「精神発達遅滞の療養所へ入院させて生きるための基礎を身につけるべきだ」と言いました。しかし、私は母親として息子を病院に入れたくありませんでした。多動症の息子以外の他の子どもにもまだ手がかかります。もちろん、多動症の息子には特別な世話が必要でした。

＊　＊　＊　＊　＊

私は休暇を利用して、取材ではなく個人的相談のために師を訪ねました。師は、私が何も説明しないうちに子どもの病気を見抜きました。

師は「こっちにおいで」と息子を呼びました。息子は立ち上がり、じっと師を見ました。

「あなたはお釈迦様ですか？」と、息子が言いました。師は息子に微笑みました。

息子が師に近づくと、師は座し、息子の手にピリトゥ・ヌラ（聖糸）を結びました。

息子が「こっちの手は？」と言いました。師は「ピリトゥ・ヌラは片手で十分」と言いました。

息子はそれで納得しました。

そしてヒーリングが始まりました。私とヒーリングとの最初の出会いでした。本で読んだことはありましたが、実際に見るのは初めてでした。

師はアメリカで撮影したキルリアン・カメラの写真を見せてくれました。チャクラが写っていました。私は師の説明を聞いて、ヒーリング・エネルギーのことを知りました。私は頭の整理がつきませんでした。どう表現するべきかもわかりませんでした。スリランカの人々に伝えたとして、信じてもらえるかどうか、不安と恐れしかありませんでした。

私は息子を連れて帰宅しました。それまで、多動症の息子は夜1人でテレビを見ることさえできませんでした。しかし、初めてヒーリングを受けたその日に、息子は1人でテレビを見ました。これは驚きでした。信じられないことでした。

＊　＊　＊　＊

息子は少しずつ回復して元気になりました。ヒーリングが行われたのはたったの3回でした。子どもにヒーリングのことを聞くと、「体の中に雷が落ちた」と言いました。やはり、ヒーリングの感じ方は人それぞれだと思いました。

【体験3】虫が見える男性

アメリカの技師、ピーターは悲劇的な事故で障碍者となり、車椅子で生活していた。そのピーターを別の不幸が襲った。ピーターは「顔を虫に噛まれた」と言い出した。「虫の跡は少しずつ増えた」と言う。ピーターは頭から柔らかいネットを被った。それからは、虫に襲われてもけがをしないようになった。彼は10年間ネットを被って生活した。

フロリダ州のタンパ市のフロリダ通りに住んでいたピーターは、噂を聞いて師を招いた。師は招待を受け入れてピーターを訪ねた。ピーターは精神病だった。ピーターが言う虫は実際には存在せず、虫に噛まれた跡も存在しなかった。アメリカの精神科医たちがピーターの治療に当たったが改善せず、皆が途方に暮れていた。神仏にすがるしかなかった。

師は経（きょう）を唱えて祈りを捧げた。すると、10年来ピーターを苦しめた虫が消えた。師は、「虫はまだいるか」と尋ねた。ピーターは顔中調べたが1匹もいなかった。ピーターは驚いた。深淵からはい上がり、自由の身になったことを実感し、笑顔を取り戻した。ピーターは感激した。ピーターの目から涙が溢れた。もう言葉にならなかった。ピーターは「祈りが神仏に届き、闇から救い出してくれた」と考えた。

(2)　人生改善

[体験4]アルコール中毒の男性

裕福な家で育った若いスリランカの女性とドイツの男性が結婚した。結婚後、夫がアルコール中毒になり、仕事と家庭が崩壊した。

師がドイツを訪問した時、彼女は師を訪ねた。

彼女は悩みを打ち明け、師からピリトゥ・ヌラ(聖糸)を授かった。その時は、ピリトゥ・ヌラが2人の人生を変えるとは考えなかった。

ところが、ピリトゥ・ヌラを結んだ後に夫が酒をやめた。夫はすさんだ生活から脱し、仕事もうまくいった。

科学的思考の持ち主であった夫は、ピリトゥ・ヌラの効果に驚いた。夫はピリトゥ・ヌラを何度も洗って使い続けた。

その後、夫はスリランカの師を訪ね、新しいピリトゥ・ヌラを直接授かった。

夫は今でも師の心に感謝し、敬意をもち続けている。

子どもでもできる　ハンドパワーの実験（和訳者による解説）

【実験2】（16頁に実験1）

①1円玉の一部に印を付ける。印は赤や黒など、はっきりした色がよい。色のテープを縦5ミリ、横2ミリに切って張るとよい。1円玉でなくても、半径1センチくらいの円板で、印を付けた後の見た目が上下に非対称で、水に浮きさえすればよい。たとえば、木やプラスチックの円板に油性マーカーで印を付けてもよい。金属のバッチでも、空気の力で浮けば使える。②普通のコップに8割ほど水を入れる。大きなコップは念力が伝導しづらい。1円玉をそっと水に浮かべる。③コップの両脇に手を添え、「回れ」と念じれば回る。時計回りに回したり、反時計回りに回して、念力が伝わっていることを確認しよう。種も仕掛けもない。手品でも超能力でもない。科学である。

誰もいない静かな部屋で、やや薄暗い状態にすると集中できる。人前では集中力が鈍る。だから初めは信じてもらえない。だが、練習すれば人前でもできるようになる。大人しい人に目の前で見てもらい、証人になってもらおう。

本来は、信じてもらうことが目的ではない。「偶然ではなく、何度でもできること」の確認、つまり再現性の確認である。再現性が確認できれば科学実験としては成功である。

知り合いの小学生に教えた。すぐやってみたらしい。「大勢の前ではできなかったけど、お母さん1人だったらできた」「お母さんがびっくりした」と言う。小学生は素直である。夏休みの自由研究にお勧めである。ただ、学校の先生が固定観念の塊で、集中力が鈍っている人の場合、自分ではできないから信じないであろう。それもよい経験であるが、小学生は信じてもらえないショックに耐えられない可能性もある。そんな時は、「エジソンの母」(08年、TBS)のように、誰か大人が味方になってあげればよい。

1人静かに練習しよう!

(文・イラスト=鳥居　修)

(3) 霊 視 (霊視の検証法は確立されていない→和訳者による解説は63頁)

【体験5】離婚を繰り返す女性

師がフロリダ(アメリカ)にいた時、シェリンが師を訪ねた。シェリンは人生に疲れていた。シェリンはこれまで結婚生活のためにあらゆる努力をしてきた。だが、すべて失敗に終わった。彼女は何度も結婚して夫を一途に愛した。だが捨てられた。初めはうまくいったがすべて破たんした。

シェリンの人生は悲惨だった。子どもを産んだ後に夫に捨てられ、精神的重圧と生活苦に見舞われた。夫が子どもを連れて出て行き、シェリンが1人残された。この繰返しにシェリンはうんざりしていた。シェリンにはわけがわからなかった。悪魔の呪いかとも思った。

結婚と離婚を繰り返していたシェリンだが容姿には恵まれていて、実際よりも若く見えた。不安もあったが、「次こそは幸せな結婚」という期待も失わなかった。

シェリンの事例は**万有域**と**万有聖力**の仕組みがわかる前のことである。師はカトリック教徒のシェリンに仏法的方法を施した。この方法はスリランカでは普通に行われている。師は仏法で心を高めた。「人は経(きょう)を唱える時に心が穏やかになり、落ち着いて問題に取り組むことができる」と師は言う。

幸い、シェリンは幼少時のことをよく覚えていた。解決の糸口はそこにあった。シェリンの身内に修道女がいた。シェリンは幼い頃からその修道女にかわいがられていた。修道女が亡くなった後もシェリンは修道女を慕い続けた。大人になっても修道女に対する気持ちは変わらなかった。

生前、修道女はいつもシェリンのそばにいて決して離れなかった。修道女は他の人がシェリンに近づくのを許さなかった。シェリンの夫がシェリンに近づくと、修道女は怒り、夫に嫌がらせをして追い払った。シェリンが娘や息子と親しくすることも許さなかった。シェリンが家族を愛することと自体を認めなかった。夫も子どもも修道女が原因で出て行ってしまった。

師は修道女の心がシェリンの人生を大きく左右したことを理解した。故人からの心的影響をカトリック教徒のシェリンにどう説明するか考えた。

修道女の目的はシェリンを困らせて家庭生活に幻滅させて信仰に専念させることにあった。師は修道女がシェリンの人生に干渉した理由を説明した。シェリンは師の説明で死後の世界を知った。シェリンは師の説明を少しずつ理解した。

だが、説明は知恵の授与に過ぎない。大切なのは解答と解法である。解答と解法があって初めて説明が生きる。亡くなった修道女の非人道的な態度からシェリンを解き放ち、人間性を取り戻すことが重要である。シェリンの願いも師の課題もそこにあった。

シェリンを窮地から救うことは容易ではなかった。亡くなった修道女の「見えざる手」からシェリンを解き放たなければならない。これは仏教でいうところの因縁からの解放である。

師はシェリンを助ける**決意**を固めながらピリトゥ・ヌラ（聖糸）を結んだ。自分や他人に善いことをしようと強く**決意**をする者は仏の**心核**に至る。この**心核**に達すると心的パワーが広がる。師にはそれができる。

師は心を優しさで満たし、仏の**心核**に達した。祈りが通じ、シェリンの人生から修道女の存在が消えた。同時に、修道女の心も解放されて正しい道に導かれた。

暗闇で生きてきたシェリンに光が差した。シェリンは生まれ変わった。新しい力を得たシェリンの、新しい人生が始まった。

シェリンはまもなく新しい結婚生活を始め、それからずっと幸せに暮らしている。

【体験6】前世の夫

釈尊の降誕、悟りの日、入滅の日はすべてウエサク（インド暦2月、パーリ語ではヴィサーカー）第1満月の夜である。京都の鞍馬寺では五月満月祭（ウエサク祭）が行われる（和訳者注）。『法句経註』（ほっくきょう・ちゅう＝ダンマパダ・アッタカター）のウエサクは釈尊に8つの供養をしたので、「布施第一」とよばれる（64頁に解説「ミガーラの母」）。

ここ（スリランカ）にもウエサクという女性がいた。スリランカのウエサクは裕福な家に生まれ、高い教育を受け、行儀良く育てられ、弁護士になった。両親の影響もあり、熱心な仏教徒であった。両親は1人娘のウエサクに幸せな結婚生活を期待し、良縁を探して回った。だが、ウエサクは嫁に行かぬまま適齢期を過ぎた。ウエサクは両親の勧めで多くの儀式をしたが、問題は解決しなかった。そんな一家が師の話を聞き、寺を訪ねた。

「この子は1人っ子です。親が亡くなればこの子は1人になります」。両親は嘆いた。両親の心配もわかるが、この娘なら嫁のもらい手はある。師は「これは人間の性（さが）だ」「すべて一時的なことだから焦ることはない」と語った。

師にとって、ウエサクの両親の悩みは深刻なものではなかった。似たような事例は経典にいく

敦煌（とんこう）の飛天

らでもある。それゆえ、師は難なくウエサクの問題を解決した。師には、ウエサクの前世の夫が成仏せずにガンダルヴァ（飛天）となってウエサクに取りついているのが見えた。

ウエサクは事態を理解した。ウエサクは前世の夫を責めず、成仏させるために師の指示に従った。

その後、ウエサクは結婚して幸せに暮らした。

●肯定も否定もできないもの（和訳者による解説）

水蒸気は高電圧（3万《ボルト》以上）・高周波（約3千《ヘルツ》）で電離し、発光する。これは**コロナ放電**である。**キルリアン・カメラ**がそれを写す。葉の残余水分は**ファントム・リーフ**（幽霊葉）をなす。同様の現象は汗のついた硬貨でも観測できる。一方、真空中では水蒸気の拡散が速すぎるので写らない（第1章15頁参照）。

霊魂（魂）は霊気（オーラ）と違う。死者の霊魂が存在すると主張する人は「自分で見た」「見た人がいる」と語る。だが、第三者が確認する方法はない。つまり、霊魂の存在には客観的な根拠がない。一方、霊魂が存在しないと考える人も第三者を説得する術（すべ）がない。「自分が見ていないから存在しない」という主張はあまりにも乱暴である。結局、「霊魂の存在」と「霊魂の非存在」は水掛け論である。私（和訳者）は何度も霊体験をしている。だが、それが死者の霊魂とは断定できない。ゆえに、唯物論者である私は霊魂の存在を肯定も否定もしない。

ハンドパワーの存在は検証できる。私が簡単な検証法を考えた。この機会を借りて紹介する（16頁と56頁）。

（鳥居　修）

第４章のまとめ▼自然の活動や人の活動にはエネルギーが必要であり、何らかの「絶対精神」がある。人がこの「絶対精神」に逆らうことは不可能である。その法則は、仏教では「因果応報」「因縁」といわれ、キリスト教などでは「神の意思」といわれる。人間は「献身」と「信念」という2つのベクトルによって、「絶対精神」と関係づけられる▼師によって救われた人たちの膨大な記録がある。決意を伴った仏の**心核**がそれを可能とする。これらの偉業をまとめれば何冊でも本が書ける。その中から6つの事例を選んで紹介した。

（ラトゥナヤケ）

「ミガーラの母」▼ヴィサーカー（61頁）はミガーラの息子プンアヴァッダナと結婚してバラモン教のミガーラ家に入った。ヴィサーカーは舅（しゅうと）のミガーラを熱心に説得し、ついに仏教に帰依（きえ）させた。ヴィサーカーは宗教上は「ミガーラの母」とされ、ミガーラ・マーター（鹿子母＝ろくしも）とよばれる▼ずっと優婆夷（うばい＝在家の女性信徒）であったヴィサーカーは鹿子母講堂をつくり、8つの供養をした。たとえば、日に5百人の修行僧に食を施した。それで、「布施第一」とよばれる▼参照＝『法句経註』（ダンマパダ・アッタカター）、菅沼晃『ブッダとその弟子―89の物語』法蔵館、２０００年

（鳥居　修）

第5章　陰の力と陽の力

解説者　サハンティニ・ラトゥナヤケ

土曜例会

毎週土曜の夕方、師の寺で新しいプログラムが行われた。多くの人がこのプログラムに参加した。ある日私も足を運び、ホールの片隅に座った。皆は何も言わず、好きな場所に座った。次第に人が増え、ホールがいっぱいになった。皆は師の到着を待った。ホールの後方から音楽が流れていた。師が到着するまで多少の戸惑いもあったが、ホールは厳正な沈黙に包まれ、音楽だけが広がっていた。

師が予定通り到着し、参加者に混じってマットレスに座った。讃歌が流れ始め、師は讃歌を聴くよう指示した。私も一緒に讃歌を聴いた。私はすっかり讃歌に聴き入り、プログラムのために来たことを忘れてしまっていた。皆が讃歌のリズムの中にいた。一体感さえあった。全員が音楽的瞑想の中に沈んでいった。音楽が響く中で様々な告知がなされた。最初、頭の中では瞑想の状態と喧噪の状態が混濁していた。やがて静寂の中に心の平静が生まれ、讃歌が頭に浸透して歌詞の意味が理解できた。讃歌の時はこうして過ぎた。

師は**万有聖力**の説明と**万有聖力**の体験法の説明をした。説明を終えると、手を前に出すよう言った。師がハンドパワーを出し始めた。私も手を伸ばしてじっと待った。師のハンドパワーを受けると手が重くなったので驚いた。何かが私の手の平から入って消えていった。他の人に聞くと、各人がそれぞれの感触を語った。軽い電気を感じた者もいた。暖かさを感じた者もいた。冷たさを感じた者もいた。ほとんどの者は私と同じように何かを感じた。

師と私たちの距離は50《フィート》（15《メートル》）あった。この力は師が演壇から発したものである。普通ではあり得ない。１人の人間から発せられた見えない力がホール内に広がって他の人間に伝わるのはなぜか？誰も眠っていなかったので催眠術ではない。私たちは目も開けていたし、意識もはっきりしていた。私たちが体験した力は間違いなく師から発せられたものであった。その力は師が力

の拡散を終えた後も心の中にしばらく残った。

師はこの土曜例会で**万有聖力**を公開した。ヒーラーが発した**万有聖力**で病気が治ったという話は聞いたことがある。多くのヒーリングは個人向けであるが、師のヒーリングは集団向けである。広い会場で大勢にパワーを伝える超人がここにいる。師の**万有聖力**で病気が治った者もいる。手から入った**万有聖力**を脳細胞が認識して心が感じる。この時、脳内の**万有域**が起動する。それから、人は少しずつ宇宙に広がるパワーを取り込む。宇宙につながる**万有域**の起動は師を介して誰でも体験できる。

音楽は脳細胞を刺激する。音楽の振動に合わせて脳内の**万有域**が起動する。**万有域**を起動させて**万有聖力**を得るためには、何よりも心の平静が必要である。音楽はそのためにある。だから、土曜例会のプログラムでは静寂の中に仏教讃歌を流している。つまり、音楽は十分条件ではなく必要条件である。

陰の力と陽の力

万有聖力を取り込む方法は2つある。1つは、師のように自分で**万有域**を起動させて自分で取り込む方法である。もう1つは、師のような達人を介して**万有聖力**を受け取る方法である。両者とも何らかの**決意**が必要である。ヒーリングによって清浄エネルギーを取り込み、不純エネルギーを排出すれば病気は治る。**万有聖力**の増減で均衡が崩れると体調も崩れるが、清浄エネルギーを取り込めば均衡が戻る。ヒーラーにはそれができる。病気を治すだけではなく、人生の活力を高めることもできる。

陰エネルギーが優位になれば病気になる。それが体で起これば体の病気、心で起これば心の病気となる。家庭や国家で陰エネルギーが優位となれば、その家庭や国家は危機に陥る。**万有聖力**に起因する陰エネルギーが空気中に広がり、いたる所で不幸が生まれる。

陰の力が絶え間なく作用する時、正常化は困難を極める。陰エネルギーのために長い間病気で悩む人の場合、治療には多大な努力が必要で時間もかかる。蓄積した陰エネルギーが重くのしかかるからである。心の病気、体の病気、社会の諸問題など、幅広い問題が陰エネルギーに起因する。**万有聖力**を取り込む目的は、陽エネルギーを優位にすることである。**万有聖力**のエネルギーも2種類あり、心の状態によって陰にも陽にもなる。心が弱ければ陰の力が入ってくる。良い心をもてば人生に活力を与える陽の力が入ってくる。陽の力を使って活力ある人生を送ることが大切である。

陽の**万有聖力**は生活改善にも役立つ。そのためには正しい知識をもって**万有聖力**を取り込むことが必要である。心の平静が必要である。心の中の過不足に関する知識も必要である。心を制御してエクサイズを繰り返すことができれば誰でも陽の**万有聖力**が得られる。

心を強く穏やかに保つことは陽エネルギー獲得の条件である。普段から委縮や落胆を避け、適切な心をつくろう。心は落胆しやすいので臓器と同様に保護される必要がある。心の保護が幸福の条件であることは釈尊も説いている。

不幸中毒

幸福は心の御馳走（ごちそう）である。心は幸福の中で覚醒する。逆に、不幸は心を委縮させる。つまり、心の状態は幸不幸に左右される。だから、心の幸福を維持することが大切である。

だが、人の心はいつも不幸に向かう。不幸がなくても何かに悩み、不幸に向かう。死んでしまいたいと考えることもある。実際、人が不幸と完全に決別することは難しい。まったく不幸がなく、完全に幸福な日というのはない。

人は不幸を待つ生き物である。社会も不幸を待つ体質をもつ。資産や車やぜい沢品を持つ者も、それを失った時の不安に悩まされる。この否定的な習性を克服するのは赤子を育てて大人にするくらいの大仕事である。この習性は不幸な時にかぎって顕在化する。だから、不幸が別の不幸を呼ぶ。そこに1本の道がある。不幸の道である。

世界は不幸に満ちている。日々の営みが不幸を生む。それは自然なことである。人は大切なものを失った時に耐え難い不幸に見舞われる。たとえば、子どもの受験の失敗や不適当な結婚話に悩む。不幸が解決されないまま感情が押しつぶされ、満足な解決策も得られず、さらに失敗を重ねる。長いこと消えない不幸もある。一生消えない不幸もある。こんな不幸の中に身をおくことは、月も街灯もない闇夜をトーチもライトもなしで歩くのと同じである。

不幸中の幸い

こんな不幸中毒とおさらばしよう。人が光明を求めて励む時、人生は朝のように輝く。親戚、近所の人、知人との会話やふれあいを想像しよう。幸福は幸福を呼ぶ。人類平等主義は当然に人類平等主義を呼ぶ。

不幸の考えを避けて幸福な心をもち続けることを人生の原則とするべきである。そのためには心を肯定することである。解決できない不幸に直面した時は、不幸を遠ざけて幸福な時間を増やすことが大切である。不幸への執着は許されない。不幸が来たらすぐにそれを受け止め、幸福のために努力しよう。心を不幸から遠ざけ、心を穏やかにし、賢明に考え、適切な解決策が得られるように努めよう。

人は幸福よりも不幸を強く感じる生き物である。90％の幸運でも、10％の不幸を嘆き、幸福を忘れてしまう。そんな人の人生は不幸の埋め合わせだけで終わってしまう。

万物の尺度は人間である。幸福の割合と不幸の割合は自分で決めることである。不幸の方が多い人は数え方を変えればよい。光の部分を積極的に見ようとすれば人生が明るく見える。不幸の中でも幸福の糸口を探そう。90％の不幸でも10％の幸運があれば「不幸中の幸い」と喜ぼう。そして、次の段階に進もう。

努力で解決できることは努力で解決する。努力で解決できないことは喜んで受け入れる。これは幸福の最終段階である（和訳者による解説は75～78頁）。

体の力と心の力

力には2種類ある。体の力と心の力である。体の力を消費すれば体が疲れ、心の力を消費すれば心が疲れる。休まずに勉強と労働を続ければ判断力が鈍り、仕事が遅くなり、不安になる。心が疲れた時の表現力は最悪である。どんなことでも、少しでも考えればエネルギーを消費する。考えた量に従って心の力が消費される。

心の力を保護するためには、心を管理することが必要である。まず、必要な考えと不必要な考えの2つに分けよう。次に、不必要な考えをやめて必要な考えに専心しよう。多くの女性は金（きん）、宝石、装飾品が好きで、多くの男性が車や肩書が好きである。そのような人が有名人を見れば「自分は高級車もネックレスも持っていない」と嘆く。こうして、心の力を無駄に消費する。そうならないためには、必要な考えと不必要な考えを分ける習慣が大切である。

心を傷つけるひどい言葉も心の力を消耗させる。人は1日に何回もひどい言葉を聞く。それでも平常心を保たなければならない。強い心をもてば、どんな言葉にも傷つかないで平常心を維持することができる。傷つくことがあったにしても、すぐに立ち直ることである。できるだけ早くひどい言葉を忘れて心を静めることが大切である。

陰陽と万有聖力

古来より、世界のヒーラーは**万有聖力**を使って病気を治してきた。現代のヒーラーである師は科学的装置で検証し、心と体の病気の治療に役立てようと考えた。師は土曜例会でその取組を具体化した。師は**万有聖力**で人々の体調を改善しようとした。また、陰陽（いんよう）の考えを使って**万有聖力**を説明した。

人間のことを陰陽で考えることは世界中の多くの人が受け入れている。それにならって、師は陰・陽の力を考えた。「**万有聖力**は陽の考えを陽の心に、陰の考えを陰の心に接続する」と考えた。これは、①ヒーラーの知識、②**万有聖力**の知識、③陰陽の知識、を統合した新しい考え方である。人の考えが実際の世界で具現化される際に、肉体的にはどんな調整が必要か？従来の陰陽の知識では説明がつかなかった。師がそれを解明した。

陽の考えによって陽の**万有聖力**が取り込まれ、体調も陽となる。その物理現象の鍵が**万有聖力**である。宇宙に広がる**万有聖力**を陽の心で取得した時、人体の状態は陽に移行する。

●幸せ競争の勝ち組（和訳者による解説）

2つの幸せ

幸せになる方法は2つある。1つ目は願いごとが「うまくかなうこと」、2つ目は願いを「捨ててしまうこと」と、中島みゆきが歌う。私なりに言い換えると、「努力で手に入るものは努力で手に入れる。努力で手に入らないことは諦（あきら）めて、喜んで現実を受け入れる」となる。当り前である。本質的なことはたいてい当り前のことである。「コロンブスの卵」である。当り前のことを歌詞にできる中島みゆきは偉い。

信仰による幸せ

お遍路（へんろ）に行こうと思えば、仕事を休まなければならない。食費はもちろん、交通費や宿泊費も用意しなければならない。つまり、真面目に働かなければならないのであるから、仕事はきっとうまくいく。少なくとも、目的がない人よりもうまくいく。それが最初の御利益（ごりやく）である。休みが取れて、あるいは定年退職して、お遍路に向かうことができたなら、その時点ですでに幸せである。実際に四国に入れば地元の人に助けられたり、同じ目的の人と出会えたりするのであるからもっと幸せである。

元旦の初詣で（はつもうで）も幸せを約束する。まず、早起きで損する例はない。階段が長ければ健康にもよい。知り合いにも会え、大事な人にも会える。イスラム教徒もメッカに行く。信仰が人を幸せにするのは万国共通である。信仰心が強い人は悪いことをしないので周りの人も安心して暮らせる。その結果信頼されるので、本人が1番幸せになる。これを御利益という。

相対主義↓努力による幸せ

プロタゴラスが言うように「人間は万物の尺度」である。「絶対的なものはない」ということだけが絶対的である。

人は環境の影響を受け、環境に影響を与える。「どっちもどっち」である。被害者にも落ち度があるから、被害者と加害者も「どっちもどっち」である。こういう喧嘩両成敗的な危険思想を相対主義とよぶ。愛智（哲学）は「相対性」の中に「絶対性」を求める。被害者にも落ち度はあるが絶対的に加害者が悪い。智慧（上智）を愛することが肝要である。

難しいことを避けて楽をする。「要は心のもち方次第である」と言って何でも相対化してしまえば努力は必要ない。だが、この方法では高次元の幸せは得られない。野球のイチローは「自己実現」という言葉を好む。「自己実現」は、アメリカの心理学者・マズローが言う「欲求5段階説」の最上階（5段階目）に当たる。努力をして勝ち抜いた人だけに与えられる栄冠を「自己実現」とよぶ。

社会性を伴った幸せ

日本の教育では、数学はパズルで世界史はクイズである。その競争に勝っても頭が良いことにはならない。本当の勝ち組になりたければ他人の足を引っ張ってはならない。実社会では他人を蹴落として幸せになることはない。他人に損をさせれば恨みを買って仕返しされる。「幸せ競争の勝ち組」は、他人を幸せにして自分はもっと幸せになる。例外的にスポーツの試合では相手を欺いてもよい。だが、ゲームセットの後はノーサイドである。

勉強は「努力」「思いやり」「幸せに生きること」を自覚するためにある。本書を手にしたすべての人が「幸せ競争の勝ち組」になることを願う。

本当の仏教

仏教、瞑想、霊能者に権威を与えてはならない。古今東西、権威を利用して人々の財産を奪おうとする勢力がいるからである。寄付の強要、出家の強要、脱退の妨害は常套手段である。奴らは「脱退すれば罰（ばち）が当たる」と脅す。罰は実際に当たる。奴らが罰を当てるからである。拉致、監禁、社会的信用の失墜などは朝飯前である。中世のキリスト教は「免罪符を買わなければ幸せになれない」と脅した。そこで、ルターやカルヴァンの宗教改革が始まった。イスラム教は初めから偶像崇拝禁止である。ムハンマドは教祖でも予言者でもなく、単なる預言者である。このように、ルターやカルヴァンやムハンマドは、権威が集中しないよう闘った。

釈尊もニャナスマナ師も言うように、瞑想はどこでもできる（第2章18頁）。また、瞑想は「ただ」でできる。経典を読めば釈尊の考えはわかる（第3章38頁）。食費や交通費や印刷代がかかるのは仕方がない。だが、幸せには「ただ」でなれる。そこを間違うと、特定の教祖や教団の財産集めに利用される。師は社会貢献の**決意**によって仏の**心核**に達し、脳内の**万有域**が起動し、**万有聖力**を取り込む。本書はその紹介のためにある。だから、特定の団体や瞑想法宣伝することがないよう配慮した。仏教はあくまでも身近なもので、科学的なものでなければならない。

（鳥居　修）

第6章　人体のチャクラ

解説者　サハンティニ・ラトゥナヤケ

後光の正体

師の洞察力は若い頃から卓越していた。師は仏像の出来栄えから、仏師がどれだけ愛情を込めたか、どれだけ丹精を込めたかを読み取った。粗雑で格好の悪い仏像からは心の乱れを読み取った。多くの人が認めるように、釈尊は最高の偉人である。仏像は釈尊の偉大さを伝えるために作られたものである。ゆえに、仏像作りはたいへん意義深い。そのことを理解しない仏師に大した仏像は作れない。師が仏像を見る時はそこまで見ている。

師は以前、仏像の周りの後光（ハロー）や頭部のオウレオールを見ることが好きではなかった。師は仏師がでたらめに仏像を作ったことを見抜き、釈尊の純粋性への冒とくを嘆いた。師は釈尊の本性を再考した。釈尊の三十二相は経典の教えによるものであろうか？釈尊の身体的な特徴で心の状態を決めつけてよいものであろうか？調べるうちに考えが変わった。

仏典によれば、釈尊の後光は洞察の光である。光は青、黄、赤、白、桃、まばゆさの6つの色をもつ。頭頂部の後光はオウレオールである。「釈尊が微笑むと白光が広がった」と記述にある。

絵師は仏典の考え方に従って釈尊の体から出る6色の後光を忠実に描いた。頭の後光はオーラである。仏像の身体的特徴が心の状態を表す。それゆえ三十二相にも後光にも意味がある。絵師

背中のハローと頭部のオウレオールが
はっきり表現されたスリランカの仏像

が釈尊を描く時、釈尊の頭頂部の後光は欠かせない。この伝統はしっかり根づいている。その証拠に、子どもでさえも忘れずに後光を描く。

古くはキリストとその弟子にも後光が描かれていたが、西洋の科学思想がキリストの後光を否

ドゥッチョ・ディ・ブオニンセーニャの「**最後の晩餐**」(部分)には、後光がはっきり描かれている。

レオナルド・ダ・ヴィンチの「**最後の晩餐**」(部分)には、後光がない。

定し続けた。だが、釈尊の後光は描かれ続けた。後光の存在は人間のオーラが単なる空想ではないことの証明である。古来より、心を高めた者からは華やかな色のオーラが放たれている。これは事実である。

オーラの観測

エネルギー場の考えは常識になりつつある。エネルギー場の性質に関して多くの論文が発表された。西洋の科学技術者たちは、ヒーラーが発するオーラを最新機器で測定しようと考えた。最新機器を使った分析によって、人のオーラの正体は生体エネルギー場であることが確認された。

今では、脳波計（ＥＥＧ）と心電計（ＥＫＧ）で生体エネルギー場の状態を測定することもできる。超伝導量子干渉素子（ＳＱＵＩＤ）で微弱磁場の測定も可能である。世界の最新機器がエネルギー場の特性や人の生体エネルギー場の研究を促進した。

最新機器によるエネルギー場の測定結果は心霊科学の研究にも影響を及ぼした。科学技術と心霊科学の発達により、人体エネルギー場（ＨＥＦ）の解明が進んだ。ＨＥＦは7層からなり、それぞれの層が7つのチャクラと結びついていることもわかった。

ヒンドゥー教の生理学

人体に接続するチャクラの話は古代ヒンドゥー教にもあった。ヒンドゥー教の預言者たちが多くを語っている。**『アーユルヴェーダ』**（医術書）には人体の活動が詳しく書かれている。ヒンドゥーには自然法則と体の関係に関する記述が多い。今人気の**クンダリニー・ヨーガ**もヒンドゥーのエクササイズを改良したものである。体内のクンダリニー力（蛇の力）を起動・制御すれば、肉体的・精神的な奇跡はいつでも体験できる。クンダリニー・ヨーガは、瞑想状態に入るための体勢にとくにこだわりがある。**『カーマ・スートラ』**（性愛書）には、性の問題にかぎらず生理学全般にわたるヒンドゥーの深い考えが書かれている。このように、ヒンドゥーには人体に関するあらゆる面で成熟した分析があった。中でも、チャクラの教えが人々に与えた影響は大きい。

ヒンドゥー預言者の経験から得られたチャクラの考えは中国、日本などの東アジアに広がった。西洋ではチャクラの用語は英語の単語に置き換えられることなく、サンスクリット語のまま外来語となった。西洋の心霊科学者は西洋科学の手法でチャクラを検証し、7つのチャクラ（エネルギー・ポイント）以外の小さなチャクラを発見した。これは中国の鍼（はり）療法における経穴（けいけつ）に相当する。

チャクラと万有聖力

チャクラはサンスクリット語で「輪」を意味する。ヒーラーたちは人体のチャクラを知っていた。チャクラは輪を描くように広がっている。主要なチャクラは7つあり、頭、額など、体中に分布している。初めは体で小さな輪を描き、次第に広がって散開する。体内の小さな輪の周りの長さは1《インチ》（2・5《センチ》）、前方へ伸びる輪の周りの長さは6《インチ》（15《センチ》）である。チャクラは体に入り、脊椎（せきつい）の中央を通って神経に接続する。7つのチャクラが体内で結合される。その後の研究で、主要7チャクラ以外の小さなチャクラが多数発見された。ハンドパワーについて書かれた専門書も多い。

円熟な人のチャクラは健全である。宇宙のエネルギーが大きく旋回しながら体内に入る。だが、チャクラが正しく起動しない人もいる。チャクラが前方に広がらない人もいる。チャクラの過労や怠惰は人生の不調を招く。成功した人生を送りたければチャクラの健全化が必須である。訓練によって**万有聖力**を取得した達人はチャクラの状態を読むことができる。達人は特殊なハンドパワーをもち、チャクラが働き過ぎていたり、サボっていたり、正常に機能していなかったり、制御不能の状態の人のチャクラを正常化させる。

番号	サンスクリット語	英　語（意味）	場　所	色
第1	ムーラダーラ	ベース（基底）	会陰（生殖器と肛門の間）	赤
第2	スヴァディシュターナ	ベリー（丹田＝たんでん）	丹田（へその数センチ下）	橙
第3	マニプラ	ソーラー（太陽神経そう）	みぞおちとへその間	黄
第4	アナハタ	ハート（心臓）	乳首の間	緑、桃
第5	ヴィシュダ	スロート（のど）	のどぼとけの下	青
第6	アジーナ	サードアイ（第3の目）	眉間の少し上	藍
第7	サハスラーラ	クラウン（宝冠）	百会（ひゃくえ＝頭頂）	白、金、紫

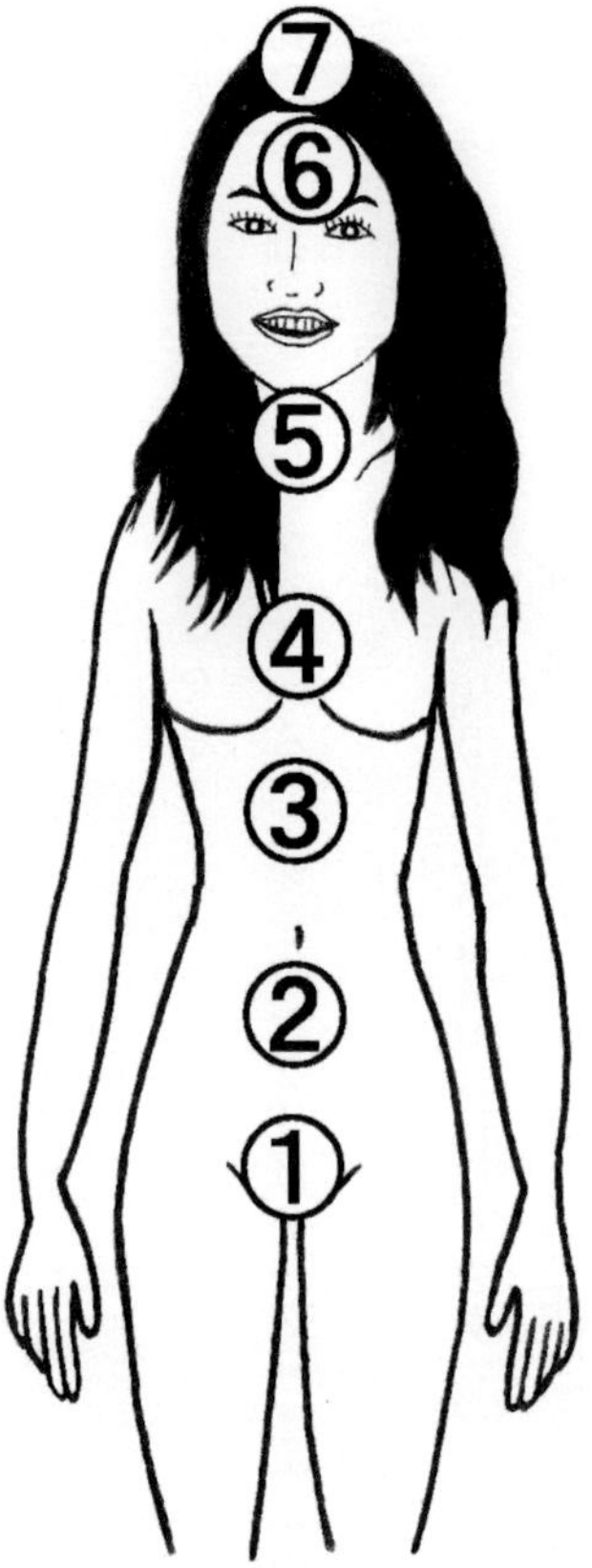

（イラスト＝鳥居　修）

西洋の専門家はチャクラが神経系に接続していることを解明した。第1、第2、第3、第5チャクラは周囲の神経繊維に接続される。第4、第6、第7チャクラは直接神経系に接続される。ヒーラーがチャクラを接続し、患者は**万有聖力**を得る。**万有聖力**が神経繊維に吸収されたら結果は早い。**万有聖力**と体の神経系の接続は科学的機器による観察も可能である。観察によって、チャクラ（エネルギー・ポイント）が接続の経路となっていることがわかる。

番号	内分泌腺	体の部位
第1	副腎	骨、骨格、腎臓
第2	卵巣・精巣	性器、ぼうこう、大腸、前立腺、子宮
第3	すい臓	消化器系、肝臓、たんのう、筋肉
第4	胸腺	胸・心臓・肺・血液循環
第5	甲状腺、副甲状腺	口・のど・耳
第6	脳下垂体	脳下部、神経系、左目、耳、鼻
第7	松果体	脳上部、大脳皮質、右目、皮膚

アロパシー（逆症療法）、アーユルヴェーダ（古代医術）、ホメオパシー（同毒療法）は薬を使わない。通常の医学では助からなかった患者が治った例も多数ある（解説者ラトゥナヤケの考えである。和訳者は日本国内の法令を順守するため、いずれも推奨しない）。

心と体の関係を知った西洋医学者は、チャクラに興味を示した。彼らは主要7チャクラ以外の多くの小さなチャクラを発見した。これらの小さなチャクラの研究は現在も進行中である。

複数の国のヒーラーが西洋医学者にチャクラの情報を提供した。ヒーラーたちはチャクラの活動が体の主な内分泌腺に対応していると伝えた。より適切な治療法を確立するために私たちの経験が役立てば幸いである。

万有聖力はそれぞれのチャクラから対応する内分泌腺に入る。ヒーラーはそれぞれの器官に対応するチャクラを選んでヒーリングする。専門家が共通して言うには、チャクラの調子が悪くなるとそれに対応する器官の調子も悪くなる。内分泌腺は体調や感情を左右し、内分泌腺から吸収されるホルモンは体調や感情に左右される。内分泌腺の活動の様子はチャクラを観測すればわかる。内分泌腺が健康であるためには対応するチャクラが正常に起動する必要がある。つまり、器官の健康維持にそれぞれのチャクラの健全化が不可欠である。

万有聖力 ← **チャクラ** ← 体内に接続 ← 脈 ← 神経系 ← 内分泌腺 ← 血管

万有聖力がチャクラを通って血管に入り体中を移動することが、西洋医学の方法で検証された。**万有聖力**は脈から神経系に入り、内分泌腺に接続し、血液成分として血管に入る。

エネルギー場の力を発生させて人体の霊気を起動させることもチャクラの重要な役割である。人体のエネルギー場については前述した。チャクラの働きで人体が**万有聖力**を取り込むとエネルギー場が生まれて力のベクトルが広がる。

また、チャクラは心の力の維持・向上に役立つ。チャクラは一人一人の感情につながっているので、人格が劣る者はチャクラの働きが弱い。逆に、優れた人格の持ち主はチャクラがよく働いている。**万有聖力**は7つのチャクラから入って7つの系で稼働する。その結果、体の力だけでなく心の力も向上する。

ヒーラーたちは「霊気の中のいくつかの場所に力が存在する」と言う。チャクラによって接続された霊気は7層からなり、体中に広がる。インドで生まれたチャクラの教えが西洋の専門家の研究で根拠づけられた。専門家たちはチャクラを生理学と結びつけて説明した。近代科学を超越した現象が現代科学で説明されつつある。

人は昔から五感で感じるものを信じてきた。初期の唯物論では五感で感じられるものが真実とされた。だが、それは誤りである。常人よりも感性が豊かな達人がいるからである。

たとえば、赤ん坊に金貨の価値はわからない。赤ん坊にとって、金貨はその辺のオモチャと同じである。だが、大人にとって金貨は財産である。金細工職人であれば金の本当の価値までわかる。つまり、同じ知識でも人によって感じ方が違う。鈍感な人は多くのものを感じられない。また、感じたにしても不完全である。真実を知るには感覚器官の鋭さが必要である。それは古代の記述にもある。

アーユルヴェーダの五大元素（パンチャ・マハーブータ）は空（アーカーシャ）、風（ヴァーユまたはワーユ）、火（テジャスまたはアグニ）、水（アープまたはジャラ）、地（プリティヴィーまたはブーミ）である。**チャールヴァーカ**（順世派＝次頁に解説）は、人体も世界も風火水地四元素の離合集散であると考えた（四元素還元説＝20頁参照）。

だが、チャールヴァーカはまだ善行の意味を知らず、人生の目的は快楽であると考えた。「体が灰になった後で生き返ることはない。生きているうちは楽しく過ごし、借金をしてでもギー（バターの飲み物）を飲もう」と説いた。チャールヴァーカの唯物論は未熟であった。だが、その後哲学は発展を遂げ、近代には科学的な原子論も登場した。唯物論の弱点はすでに克服されている。

（ラトゥナヤケ）

解説 **六師外道**▼釈尊の時代の、仏教とバラモン教以外の6つの代表的な思想を**六師外道**（ろくしげどう）という▼①**サンジャヤ・ベーラッティプッタ**は**懐疑論者**で人知に普遍妥当性を認めず、修行によって解脱するべきことを説いた。②**マッカリ・ゴーサーラ**は**宿命論**を唱え、アージーヴィカ教の開祖となった。③**プーラナ・カッサパ**は**無道徳論者**で、善悪の業報を認めない。④不殺生を唱えた**ニガンタ・ナータプッタ**は**ジャイナ教**を開いた。⑤**アジタ・ケーサカンバリン**が開いた**チャールヴァーカ**（順世派）は**ローカーヤタ派**ともいう。⑥**無因論的感覚論者**の**パクダ・カッチャーヤナ**は地・水・火・風・空・苦楽・霊魂を人間の構成物とし、その7つは死後も不滅と考えた▼アジタ・ケーサカンバリンとパクダ・カッチャーヤナは唯物論・快楽論で一致する。

（鳥居　修）

科学の目

現代の弁証法的唯物論においては、原子は単独で活動するのみならず器官として有機的に活動するものとされる。情報がなかった昔の人も、ある意味で唯物論者であった。人々はア・プリオリ（生得的）な感覚器官を使って、ア・ポステリオリ（後天的）に真理を確かめようとした。人類は宇宙の中の見えないものを考え、感覚器官で確認するための装置を作ろうとした。望遠鏡、顕微鏡、その他多くの装置が発明された。高度で先進的な科学的装置が「目」の役割を果たし、未知の世界を照らした。今後も、新しい装置が開発され続けるであろう。科学的な唯物論にもとづき、「科学の目」が捉えた情報は一般に公開され続ける。「科学の目」は、常人の感覚器官では捉えられない多くの情報を提供する。人間の幻覚と思われていたことまでが「科学の目」で確認された。「科学の目」は、あくまでも人間の感覚器官の補助である。世界には五感で捉えられない多くのものが存在する。そのことを知っている者はそれを見てみたいと考える。唯物論を満足する解答は得られた。「科学の目」が五感の働きを拡大したからである。

唯心論者は唯物論を避け、心を発達させることで問題が解決できると考えていた。また、唯心論者は、瞑想によって確固たる決意が生まれ、心を穏やかに保つことができると考えていた。瞑想の各段階で精神力の状態が異なることも発見した。瞑想を続け、高度な精神状態をつくることで心の外の世界の多くのことを把握した。唯心論者のこうした挑戦は古今東西で繰り返し行われた。

だが、超常世界を観測する賢人の知恵は常人が共有できるものではなかった。賢人が知恵を得る方法は第三者が確認できるものではなかった。賢人は単なる指南役であるに過ぎなかった。有効な理論であれ無効な理論であれ、確認することができなければ第三者にとっては意味がない。

今、「科学の目」が超常世界の検証を可能にした。この検証は科学的装置を発明した人の専売特許ではなく、装置さえあれば誰でも再現可能である。感覚器官で捉えられないことも体験できる。これらの装置によって人類共有の知識が獲得された。科学者と科学的装置は賢人と賢人の思考法より優れている。「科学の目」による検証で、世界中の人が事実を確認することができるからである。

賢人の知恵は他者と共有できなかった。賢人の知恵はゆっくりしか伝わらなかった。世界が「科学の目」を手に入れるまで知恵は背後で待っていた。今、昔からの賢人の知恵に科学的な検証が追いついた。「科学の目」は敏感な知恵によって作られた。科学的装置の正確さは敏感な物質的知識によって確認される。敏感な知識そのものと敏感な知恵が作った技術的方法は共存共栄の関係にある。両者は哲学的な知恵である。自然と自然界の法則の理解が進み、「科学の目」が作られ、敏感なものを心に直接届けることができるようになった。

両親は子どもが成長するまで見守り続ける。知恵をもつ賢人は両親のように科学的機器の成長を見守り続ける。科学が発達する前は血液の色は赤と決まっていた。だが「科学の目」によると、赤いのは血液の中の一成分だけである。血液には肉眼では見えない多数の赤くない成分が含まれている。賢人のアストラル体（幽星体）も同じである。アストラル体は死後も存在するが、見ることができない。血液が赤くしか見えないのと同様、アストラル体は常人には見えない。アストラル体は血液の赤くない成分と違い、科学的な装置でも観測できず賢人にしか見えない。血液は世界の誰でも観測できるが、知恵は賢人特有の財産である。賢人は時間をかけてこの能力を身につける。この能力は賢人の精神的な鍛錬の賜物（たまもの）である。

悟りを開こうとする努力は唯物論的現実性と宗教的現実性の両方の分野で結実した。だが、「科学の目」は賢人の知恵を追って今も歩き続けている。

（ラトゥナヤケ）

唯物論と観念論

物質を第一義的なものと考えるのが唯物論、精神を第一義的なものと考えるのが観念論（唯心論）である。本書ではそれ以外の意味では使わない。たとえば「唯物論者は物のことだけを考えるので心のことを考えない」という話はナンセンスである。実際、唯物論者は「心」のことも物質的な背景から説明する。脳、教育環境、経済的事情という背景から説明する。

今度は「すべて環境が原因であるなら本人の責任はない」という極論に襲われる。「子どもの非行は親の責任、親の非行はその親の責任」というわけである。そういう宿命論や「ラプラスの悪魔」のような極論が自由意思の存在を否定する。「ラプラスの悪魔」というのは「すべてのものに因果関係があるのであるから、現在の状況を正確に分析すれば過去も未来もすべて微分方程式で計算できる」という、近代科学の傲慢である。その傲慢は不確定性原理やカタストロフィー理論によって否定されている。

自由意思の存在を否定する機械的な唯物論も、快楽を追求する古代インドの唯物論も、思想史の中ですでに否定されている。仏教の偉いところは、以上のような「極論」を排して「中庸」を主張するところにある。そういう前提を念頭においた上で本書を再読していただきたい。

仏像の芸術性

仏像は美術作品ではない。仏像の第一義性は、どれだけ魂が込められているかである。だが、魂が込められると自ずと美しくもなる。本書第6章（80頁）に書かれているように、魂のこもった仏像は見栄えもよい。中宮寺の半跏思惟像（はんかしゆいぞう）はスフィンクス、モナリザと並んで世界三大微笑像とよばれる。厩戸皇子（聖徳太子）の母・穴穂部間人皇女（あなほべのはしひとのひめみこ）がモデルといわれる。母の優しさが見事に伝わってくる名作である。この半跏思惟像の実物を見た人は絶対に幸せになるに違いない。

（鳥居　修）

中宮寺「半跏思惟像」
（2011年12月に中宮寺様から写真の使用許可をいただいた）

日本語の参考文献

バーバラ・アン・ブレナン『光の手』全2巻、三村寛子、加納眞士訳、河出書房、１９９５年

バーバラ・アン・ブレナン『癒しの手』全2巻、王由衣訳、河出書房、１９９７年

菅沼晃『ブッダとその弟子─89の物語』法蔵館、２０００年

中村元監修『新・佛教辞典』第3版、誠信書房、２００６年

英語の参考文献（右記の文献以外）

1. Vera Stanley《The Finding of the Third Eye》
2. Peter Brown《The Hypnotic Brain》
3. W. Brugh Joy, M. D.《Joy's Way》
4. Thesis for the doctorate of Dr. Delduwe Gnanasumana Thero
《The historical studies of meditation on Tranquility and Insight》
5.《Anguttara Nikaya》
6. Cassettes contains《The Speeches of Felicitation（Abinandana）Program》

出版の経緯▼２００４年12月26日のスマトラ沖地震による大津波では４万人以上のスリランカ国民が犠牲となりました（死者３万５千人以上、行方不明５千人以上）。私を含む学者数名は直ちにスリランカに向かいました。私はその際、首相と会談して復興支援を申し出ました。以来、２００名以上の技能実習生を日本に迎え入れてスリランカへの技術移転を続けています。また、５台の消防車を寄付しました▼この地震を契機に、私はニャナスマナ師と知り合いました。師と私は仏教や人間のことを語り合い、意気投合しました。私は年に数回スリランカを訪れて師の寺に立ち寄り、日本とスリランカの仏教の違いなどを話し合いました。２人の信頼関係はそのたびに深まりました▼師の万有聖力は１万人以上の方々を助けました。２０１１年３月に私たちが東日本大地震を経験した時、師は日本の方々にも万有聖力を分けたいと考えました。私の共同研究者である鳥居氏が和訳を引き受けてくれました。和訳は10月に完成しました。11月には師が来日して鳥居氏に会い、内容を確認しました。２０１２年１月に発行した『万有聖力』日本語版は関係者のみに配布しました。今回は一般の方も入手できるようにＩＳＢＮを付して発行します▼日本におきましても万有聖力の正しい理解が広まることを信じ、この本を推薦します。

２０１６年８月９日

須賀則明（Ph.D.）

教育支援のSR活動

須賀則明（Ph.D.）

私は２０１３年12月22日にコロンボのスリダルマラジャダンマ校で行われた授賞式に参加できたことを光栄に思います。

小学生から高校生までの約３００人の子どもたちの元気で輝いた瞳を見ることができました。このような貴重な時間を過ごすことができましたことにとても感謝しています。

富と所得の創出

私は30代の時から世界の多くの国でボランティア活動をしてきました。初めは「困っている人たちが求めるものを与えること」が必要であると考えていました。しかし今は「困っている人たちの自立を支援して持続可能な社会を形成すること」が大切であると知っています。

ある中国の小学校で教材が不足していることを知りました。その学校は山村にあって、草原が広がっていました。私はその学校に30頭の羊を送りました。

私の考えは、子どもたちが学校の行き帰りや休みの日に草を刈り、羊を繁殖させ、羊毛を売ったお金で教材を買うというものでした。

その支援は成功しました。子どもたちは羊の世話をして、その羊を増やしました。今では、彼らは毎年羊毛を売って教材を手に入れます。うれしいことに、その学校からはずっと感謝され続けています。

羊によって「富と所得の創出」が実現し、彼らは自立することができました。彼らに必要なことは物質支援ではなく、自立支援です。このことは他の国でも成り立ちます。

技能実習生の受け入れ

私は国際交流事業協同組合（ＩＲＯ）の理事長です。私たちは日本で開発されて発展した技能、技術、知識を世界の国に輸出しています。その目的は、人材を育成し、その国の経済を発展させることです。主な輸出先はアジアの発展途上国です。特に、中国とベトナムから多くの技能実習生を受け入れていました。

スリランカは２００４年12月26日、スマトラ沖地震による津波で大きな被害を受けました。その時、私は専門家たちと被災地を訪れました。そして、スリランカの首相と面会しました。

それを機会にスリランカ青年を実習生として受け入れるようになりました。以来、２００名以上のスリランカ人の若者を実習生として日本に受け入れました。彼らは建設、セメント、溶接、プラスチック加工、機械加工、農業などの技能を習得しました。彼らは帰国の後、スリランカの産業の各分野で活躍しています。

技能実習生の受け入れは「技術へのアクセス権の提供」「雇用の創出」に役立っています。

観光立国

スリランカでは長年続いた内戦が終結しました。治安は改善され、今では人口17億人を有する南アジアのゲートウェイとして注目されています。経済は成長し続け、それにともなって外国からの観光客も増えています。

スリランカには6つの文化遺産と2つの自然遺産を含む8つの世界遺産があります。世界遺産を見るために訪れる人たちもいます。さまざまな体験を通して楽しむ人たちもいます。美容と健康のためにアーユルヴェーダが体験できます。ヌワラエリアでは茶摘みが体験できます。ハバラナでは象乗りが体験できます。仏歯寺では礼拝（プージャ）の見学や掃除のボランティア体験ができます。紅茶、宝石、スパイス、ろうけつ染めなど、人気のお土産もたくさんあります。

私たちは〈スリランカへようこそ〉キャンペーンを応援します。私たちは日本からの観光客にスリランカの遺産や〈おもてなし〉の心をお伝えします。これは私たちの「社会的投資」の１つです。

ＩＳＯ２６０００

国際標準化機構（ＩＳＯ）は２０１０年11月、社会的責任に関する国際規格であるＩＳＯ２６０００を発行しました。それはあらゆる組織がそのＳＲ活動を行う時に従う規格であり、その目的は持続可能な社会を構築することです。

ＳＲは当初、企業の社会的責任（ＣＳＲ）とよばれました。その後、企業以外の組織にも対象が広がり、社会的責任（ＳＲ）とよばれるようになりました。２０１２年３月には、日本語版であるＪＩＳＺ２６０００「社会的責任に関する手引」が制定されました。

私たちの活動はＩＳＯ２６０００の中核主題である「組織統治」「富及び所得の創出」「教育及び文化」「雇用創出及び技能開発」「技術の開発及び技術へのアクセス」「社会的投資」などに準拠して行われます。

トレードマークの使用と教育支援

子ども能力開発財団はダハム・セワネ・スィンギットが運営しています。私たちが関わる教育支援活動はＩＳＯ２６０００の示した組織統治に準拠します。

今、世界中からスリランカの子どもたちが学ぶための資金や物資が届いています。支援者からの信頼を得ることが大切です。そのためには、財産を公平に分配し、その流れを透明化すること、支援物資の管理をスリランカ政府が主導することが望ましいでしょう。

私たちのＳＲ活動に賛同する企業や団体は、その商品に私たちの財団のトレードマークを付けてください。売り上げの一部がスリランカの子どもたちの教育支援活動に使われます。その資金は、各界の代表によって構成される資金管理委員会が管理します。その理事会は毎年決算書を作成して委員会の承認を受けます。スリランカの子どもたちが使う教材や備品を購入するために、みなさんのご協力をお待ちします。

ダライ・ラマ１４世にあいさつする須賀博士

北インドで開かれた世界仏教指導者会議の様子
上の左から３人目がダライ・ラマ１４世、右端が須賀博士。鳥居修が撮影

デルドゥエ・ニャナスマナ長老

スリランカの高僧。1955年1月24日生まれ。「瞑想の条件（平常心と集中力）」で博士号を取得。英国で科学的に霊気を測定した後、本格的にヒーリング・サービスを始める。師のハンドパワーで1万人以上が救われた。師が脳を「優しい心」（**決意**）で満たす時、脳内の**万有域**が活性化し、**万有聖力**が取り込まれる。その時の脳波は7.8～8㌹であることが、科学的に解明された。

万有聖力　心のベクトル場　上巻

2016年 9 月23日発行

著　者　デルドゥエ・ニャナスマナ
　　　　スドゥフンポラ・ウィマラサラ
　　　　須賀　則明
　　　　鳥居　修

発行所　ブックウェイ
　〒670-0933　姫路市平野町62
　TEL.079 (222) 5372　FAX.079 (223) 3523
　http://bookway.jp

印刷所　小野高速印刷株式会社

ISBN978-4-86584-192-3

漢字と仮名の使い分け

本書は平仮名と漢字を積極的に併用した。すべて意図的であり、校正の誤りではない。

場合を表す「とき」と、時刻を表す「時」を区別した。

頭で事柄を理解する「みる」と、目で物を「見る」は区別した。

「by us」となる一般人称は「いう」「よぶ」、主体が具体的な人であれば「言う」「呼ぶ」とした。

個人の体験は主観性が強いので「だ」、結論は客観性を強めるために「である」を用いた。

『心のベクトル場』は数式が多いので、横書きの読点は英数の「,」とした。

心のベクトル場

鳥居　修

はじめに

3人のジョンと1人のルネ

筆者には4人の先生がいる。ジョン・フォン・ノイマン(John von Neumann, 1903-1957), ジョン・ナッシュ(John Nash, 1928-2015), ルネ・トム(René Thom, 1923-2002), ジョン・ロールズ(Jhon Rawls, 1921-2002)である。筆者の役目は3人のジョンと1人のルネの理論を継承して具体化することである。

ノイマンは1928年にミニマックス定理を発表した(Zur Theorie der Gessellshaftspiele; *Mathematische Annalen*)。それにより零和ゲームの最適戦略が確定した。

さらにノイマンは1944年にオスカー・モルゲンシュテルン(Oskar Morgenstern)と『ゲーム理論と経済行動』(Theory of Games and Economic Behavior)を著した。

ナッシュは1950年に「n人ゲームの均衡点」(Equilibrium points in N-Person Games; *Proceedings of the National Academy of Sciences*)と「交渉問題」(The Bargaining Problem; *Econometrica*)を発表した。1994年にノーベル経済学賞を受賞し, 2001年公開の映画「ビューティフルマインド」のモデルにもなった。

トムはすでに1958年にフィールズ賞を受賞していた。1972年に『構造安定性と形態形成』(Stabilité Structurelle et Morphogénèse)を出版してカタストロフィー理論を始めた。それにより, 質的転換の閾値が解明された。

ロールズは1971年に『正義論』(A Theory of Justice)を発表した。初期資本主義の目的は生産力拡大であったが, 成熟社会では弱者保護も必要である。ロールズは弱者を保護しながら生産力を拡大する道を示した。

昨春ナッシュが他界し, 筆者の先生はすべていなくなった。だが, 彼らの理論は永久に不滅である。

本との出会い

15歳の時, 講談社のブルーバックスを愛読した。中でも, モートン·D·デービス『ゲームの理論入門』とE.C.ジーマン, 野口広『応用カタストロフィー理論』に影響を受けた。この2冊によって, 社会の仕組みも心の仕組みも数式で表せることを確信した。

20歳までに，鈴木光男『ゲーム理論入門』，『ゲームの理論と経済行動』（銀林・橋本・宮本訳），野口広・福田拓生『初等カタストロフィー』を読破した。だが，そこから先に進めなかった。

20歳から28歳までは弁証法を学んだ。山本光雄訳編『初期ギリシア哲学者断片集』，カント『純粋理性批判』，ヘーゲル『大論理学』，エンゲルス『自然の弁証法』，レーニン『哲学ノート』を繰り返し読んだ。

28歳の時，ロールズの『正義論』を読んだ。正義二原理は弱者保護と生産力拡大の両面を考慮していた。格差も平等も駄目であるから，これが社会の正解であると確信した。ベンサムやJ.S.ミルの功利主義とロールズの正義論を1年かけて比較した。

29歳までに先人の理論を習得してインプットを終えた。残りの人生はアウトプットである。筆者の役目は習得した理論を具体的な事象に応用することである。

4つの源泉と2つの構成部分

本書の**源泉**は**3人のジョン**と**1人のルネ**である。**構成部分**は**社会の仕組み**と**心の仕組み**である。

「数学ができる人は理系，できない人は文系」という風潮は認めない。数学の専門家である筆者が**社会の仕組み**と**心の仕組み**を解明して「文系は数学不要」という考えを打破する。

社会の仕組みは「第2章の1　社会の正解」と「第2章の2　これからの教育」で述べた。

第3章は**心の仕組み**である。「量から質への転化」「協力と裏切りの閾値」「愛情と憎しみの閾値」「現実主義と未来思考の閾値」を数式で展開した。上巻には収まらず，大半を下巻に回した。

導入として，「第1章　正解の多様性」をおいた。「付録　数学的決定」で応用例を示した。

筆者は何事もひと汽車遅れる。皆がすぐ実践することでも分析して体系化しなければ気がすまない。皆が忘れた頃に体系が完成する。

最後に乗って最後に降りるから混雑を知らない。しかも，**努力は必ず報われる**。第3章第1節の最後にそれを示した。

2016年8月6日

鳥居　修

第1章　正解の多様性

第1節　数直線と多次元ベクトル

2次元のパレート最適

例1　5段階の成績を(英, 数)で表す。各人の成績はA(5, 1), B(2, 5), C(4, 4), D(1, 3)である。これを中学生は座標とよび, 高校生はベクトルとよぶ。

$x'>x$かつ$y'>y$となる(x', y')が存在しないとき, (x, y)は**パレート最適**(Pareto optimum)であるという。xy平面上でA, B, Cはパレート最適であるが, Dは違う。

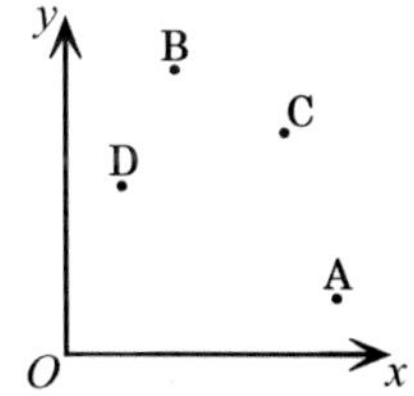

この平面ではDが不合格

成績ベクトルをx軸方向, y軸方向に分解してみる。英語の序列はA(5), C(4), B(2), D(1), 数学の序列はB(5), C(4), D(3), A(1)である。

分解したベクトルを**合成**するのもまた楽しい。たとえば$x+y$を考える。$(x+y)$軸方向の序列はC(8), B(7), A(6), D(4)である。

A, B, Cの目的(夢)はそれぞれ通訳者, 技術者, 東大合格である。英語の得点をx, 数学の得点をyとすれば, Aはx, Bはy, Cは$x+y$の最大化をめざす。

$\overrightarrow{AB}=\overrightarrow{AP}+\overrightarrow{PB}$である。始点と終点が同一であれば経路が違ってもよい。ベクトルでは任意の点Pへの寄り道が許される。

3人の**目的ベクトル**を$\vec{x}$, $\vec{y}$, $\vec{x}+\vec{y}$, 結果ベクトルをそれぞれ$\vec{a}$, $\vec{b}$, $\vec{c}$で表すと, **目的の合理性**はそれぞれ$\vec{a}\bullet(\vec{x}/|\vec{x}|)=(\vec{a}\bullet\vec{x})/|\vec{x}|$, $\vec{b}\bullet(\vec{y}/|\vec{y}|)=(\vec{b}\bullet\vec{y})/|\vec{y}|$, $\vec{c}\bullet\{(\vec{x}+\vec{y})/(\vec{x}+\vec{y})\}=\{\vec{c}\bullet(\vec{x}+\vec{y})\}/(\vec{x}+\vec{y})$である。

英語の得意なAは海外勤務, 数学の得意なBは技術者, 英数計で1位のCは管理職候補として採用された。Dは採用されなかった。

3次元の進路指導

例1'　例1で**別の次元**を考える。美術の序列はD(5), B(4), C(3), A(2)の順であった。絵が得意なDは美大に進んでデザイナーになった。

美術軸zを加えて**次元を増やす**。xyz空間上の成績ベクトルはA(5, 1, 2), B(2, 5, 4), C(4, 4, 3), D(1, 3, 5)である。各(x, y, z)には$x' > x$かつ$y' > y$かつ$z' > z$となる(x', y', z')が存在しない。ゆえに，パレート最適である。この空間は全員がオウンリーワンの「総活躍社会」である。

親子の対立

例2　E〜Gの3人がいる。

Eの成績は英語4，数学4，音楽5であった。高学歴な両親は東大を望んだが，本人は音大を望んだ。親の空間はxy平面であり，Eの成績は(4, 4)であった。本人の空間は音楽軸zであり，成績は(5)であった。

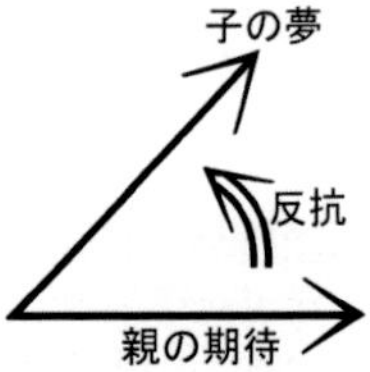

親子の目的ベクトルは潜在的に対立していたが，幼い頃のEは「良い子」を演じた。

だが，自我が芽生えて反抗が顕在化した。Eはzを最大化して音大に進んだ。親子の対立はEがオーケストラに入ってからも続き，和解には年月を要した。

努力家のFは成績を(5, 5, 5)とし，現役で東京芸大に合格して音大の教授になった。Fは次元を増やして夢を実現し，両親も納得した。

開業医の子Gは優等生で，(英語，数学，美術)が(5, 5, 5)であった。両親は医学部進学を望んだがGは漫画家を望んだ。先生がGに森鷗外や手塚治虫の話を聞かせ，「やりたいことは医師免許を取ってからでも遅くない」と説得した。Gは医学部に進んで開業医を継いだ。Gのイラストは地方紙やタウン誌に連載され，わずかな副収入にも喜んだ。Gの油絵はアマチュアとして高く評価され，展覧会で飾られた。

金子みすゞの4次元

「子どもたちを競わせるのはかわいそう。全員が1等賞でいい」と言う人にかぎって五輪が好きである。

例3　金子みすゞが「鈴と小鳥とそれから私　みんなちがってみんないい」と歌う。これはn次元ベクトルの問題である。空を飛ぶことでは小鳥が，きれいな音を出すことでは鈴が偉い。地面を速く走ることやたくさんの唄を知っていることでは私が偉い。

飛行・跳躍能力をx_1，陸上走行能力をx_2，音色作成・歌唱能力をx_3，暗唱能力をx_4とすれば，鈴は(0, 0, 5, 0)，小鳥は(5, 2, 3, 1)，私は(1, 4, 3, 5)である。

$\vec{x}=(x_1, x_2, \cdots, x_n)\in X$に対し，$x_1<x_1'$, $x_2<x_2'$, $\cdots$, $x_n<x_n'$となる$\vec{x}'=(x_1', x_2', \cdots, x_n')\in X$が存在しないとき，$\vec{x}$は$X$内で**パレート最適**である。

例3は4次元であるが，パソコンを使えば百次元でも千次元でも難しくない。任意の成分に重みをつけて満点や次元を変えることもできる。たとえば，x_1とx_2を千点満点，x_3とx_4を10分の1点満点にすれば，x_3とx_4は四捨五入して0であるから，実質的に2次元となる。

$y_1=x_1+x_2$, $y_2=x_3+x_4$とすれば，y_1は体育(飛行・跳躍，陸上走行)，y_2は音楽(音色作成・歌唱，暗唱)である。(y_1, y_2)は小鳥(7, 4)，鈴(0, 5)，私(5, 8)となり，5点満点の4次元は10点満点の2次元に変わった。

多様性を認める社会

安定な環境はその環境に適応した均質集団が支配する。力が強い者，足が速い者，高く飛べる者，暗記が得意な者，計算が速い者など，それぞれの環境での勝者が栄冠を手にする。

だが，ある環境での勝者は環境の変化に弱い。力の強い恐竜は絶滅し，学校秀才は挫折する。優秀なクローンはウィルスの進化に追いつけない。

恐竜の中で，小型で空を飛べる種は生き残った。多様性を認め，異質な者と正しく向き合う人材を育成した民族はこれからも生き残る。

都会とは多様性を認める社会のことである。閉鎖空間は容易に均質空間となり，異質の者は村八分となる。異質の者を排除する社会は村である。学校・企業・ネットは村となりやすい。

よそ者と共存し得る寛容性が必要である。普段からよそ者を招待する。よそ者が来なければこちらから訪ねる。よそ者が違法集団であれば行政や司法の力を借りる。祭りの盛んな地域，あいさつの盛んな学校では多様な目が注がれる。犯罪は未然に防がれ，災害時は協力し合う。安心の社会をつくりたければ不断の努力が不可欠である。

イスラム教を侮辱したシャルリーエブドが15年1月，過激派に襲われた。同年3月には福島原発事故も侮辱した。侮辱は言論の自由に含まれない。一方のダーイッシュ(ISIL)は偶像崇拝禁止を掲げて遺跡の破壊を繰り返す。連中はイスラム教徒ではない。

進路の多様性と入試の単純化

成績ベクトルの集合Xから評価の集合Yへの写像をf，Yから合否の集合Zへの写像をgとする。Yは数直線，Zは合格1と不合格0の二値集合である。$z=g\circ f(\vec{x})=g(f(\vec{x}))$（$f: X\to Y$，$g: Y\to Z$）を**入試関数**という。

素点，素点の指数，素点の対数，偏差値などがXの元(element)の例である。

例3'　例3で$y=f_1(\vec{x})=x_1$，$z=g_1(y)=[y/5]$，$y=f_2(\vec{x})=x_3+x_4$，$z=g_2(y)=[y/7]$とする。

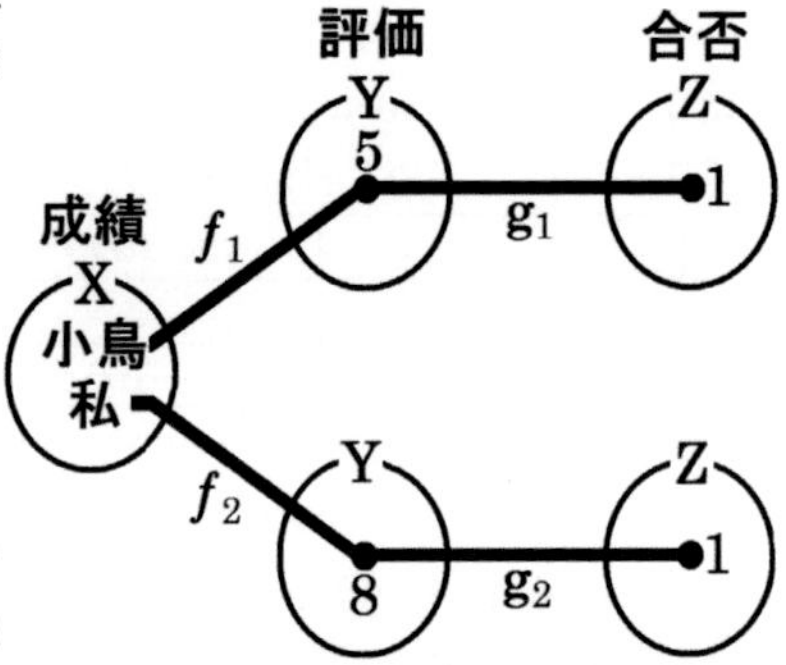

小鳥は$y=f_1(\vec{x})=x_1=5$，$z=g_1(y)=[y/5]=1$で飛行大学に合格，私は$y=f_2(\vec{x})=x_3+x_4=8$，$z=g_2(y)=[y/7]=1$で音楽大学に合格する。

「だから鈴は不要」とはならない。実際，鈴を売る人もいれば買う人もいる。

金子みすゞ型競争社会は「総活躍社会」の例である。

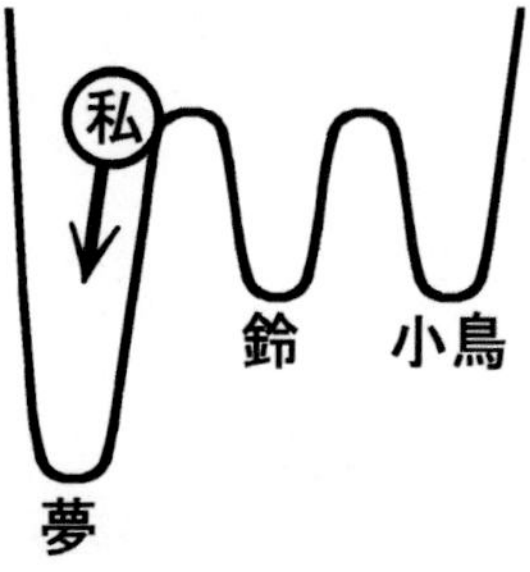

金子みすゞ型競争社会

皆が大学に進む社会は不健全である。学問の適合者はそう多くない。職業教育や生涯教育を充実させ，**進路を多様化するべきである**。

今は社会の仕組みも心の仕組みも数式で表せる時代である。諸事象の分析には確率，数列，ベクトル，行列，微分積分が必要である。

数学なしの大学入試は多様化ではなく劣化である。未修者には算数の文章題を課し，入学後に数学を教えればよい。学問の適合者を選抜する**入試は単純である**。

⇒第2章の2　第3節「入試改革」を参照

第2節　最適戦略は最適ではない

自然相手の最適戦略

ここに100mLの水がある。風呂やプールの水には足りないが砂漠の迷い人には貴重である。「これしかない」(little)と思うか「これだけある」(a little)と思うかは時と場合による。プロタゴラスの言うように，**万物の尺度は人間である。**

例1　降水確率10％で傘をもつか？濡れるのは嫌だが晴れの日の傘は邪魔である。利得表で考える。

	雨(10%)	晴れ(90%)
傘あり	0	−30
傘なし	−100	100

傘ありの期待利得は$E=0\times 0.10+(-30)\times 0.90=-27$，傘なしは$E=-100\times 0.10+100\times 0.90=80$である。

雨濡れの損害は小さい。降水確率10%は低いので無視できる。ゆえに傘は持たない。

例2　飛行機の落ちる確率の10%は高い。

	落ちる(10%)	落ちない(90%)
乗　　る	−10,000	50
乗らない	10	−10

乗った場合の期待利得は$E=-10{,}000\times 0.10+50\times 0.90=-955$，乗らない場合は$E=10\times 0.10+(-10)\times 0.90=-8$である。乗らないのが正しい。

雨濡れと墜落では損失の程度が違う。損失の程度は尺度を決める重要な要素である。

零和ゲーム

ジャンケンに必勝法はあるか？相手がグーかもしれないのでパーを出そう。だが相手がチョキかもしれないのでグーにしよう。やはり相手はパーかもしれないからチョキにしよう。その思考が無限に続く。

例3　(普通のジャンケン)

AとBの2人がジャンケンをする。Aがグー，チョキ，パーを出す確率をそれぞれx, y, z，Bがグー，チョキ，パーを出す確率をそれぞれp, q, rとする。Aの利得表は次の通りである。

		B		
		グー(p)	チョキ(q)	パー(r)
A	グー(x)	0	1	−1
	チョキ(y)	−1	0	1
	パー(z)	1	−1	0

零和ゲーム(zero-sum game)では一方が得をすれば他方が損をする。そこに必勝戦略はない。だが，負けにくい戦略がある。それが最適戦略である。

ジョン・フォン・ノイマンが1928年に**ミニマックス定理**を発表し，2人零和ゲームの最適戦略が確定した。ジョン・ナッシュは1950年にn人ゲームの**均衡点**(equilibrium points)として一般化した。ここではナッシュ均衡点における戦略を**最適戦略**(optimal strategy)とよぶ。

Aの期待利得は$E=(q-r)x+(r-p)y+(p-q)z=(z-y)p+(x-z)q+(y-x)r$である。

$(x, y, z)=(1/3, 1/3, 1/3)$のとき$E=0$であるから，Aの最適戦略は$(x, y, z)=(1/3, 1/3, 1/3)$である。同様に，Bの最適戦略は$(p, q, r)=(1/3, 1/3, 1/3)$である。

グー，チョキ，パーを等確率で出せば相手につけいられる心配がなく損もない。だが得もない。ゆえに，**最適戦略は最適ではない**。

例4(グリコのジャンケン)

グーは「グリコ」で3つ，チョキは「チヨコレイト」で6つ，パーは「パイナツプル」で6つ進む。Aの利得表は次の通りである。

		B		
		グー(p)	チョキ(q)	パー(r)
A	グー(x)	0	3	−6
	チョキ(y)	−3	0	6
	パー(z)	6	−6	0

Aの期待利得は$E=(6z-3y)p+(3x-6z)q+(6y-6x)r=3\{(2z-y)p+(x-2z)q+2(y-x)r\}$である。

$(x, y, z)=(2/5, 2/5, 1/5)$のとき，$E=0$である。すなわち，「パー少なめ」が最適戦略である。だが，最適戦略は得もない。やはり，**最適戦略は最適ではない**。

例3'　(普通のジャンケン再考)

たとえば$(p, q, r)=(2/4, 1/4, 1/4)$のとき，Bはグーを多めに出している。$E=(z-y)/4$であるから，Aは$(x, y, z)=(0, 0, 1)$とす

ればE=1/4で得をする。

つまり，Aは最適戦略をやめてパーを多めに出すべきである。もちろん，Aがパーばかり出せばBも気づいてチョキを多く出すに違いない。ゆえに，Bが気づかない程度にパーを少し多めに出せばよい。

例4'（グリコ再考）

Bが普通のジャンケンのつもりで$(p, q, r)=(1/3, 1/3, 1/3)$とやれば$E=(2z-y)+(x-2z)+(2y-2x)=-x+y$である。Aが$(x, y, z)=(0, 1, 0)$とすれば$E=1$で得をする。すなわち，Aは最適戦略をやめてチョキをたくさん出せばよい。

最長戦略，最短戦略，回り道戦略

遠い将来，コンピューターが将棋の完全解を求める。両者が最適戦略を取った場合の結果は先手必勝か必ず引き分けである。先手が1手寄り道をすれば事実上の後手となるため，後手必勝はない。

必ず勝つ者を勝ち手，必ず負ける者を負け手とよぶ。先手がミスを繰り返せば途中から負け手となる。勝ち手が最短で勝つ戦略を**最短戦略**，最短戦略を除く必勝戦略を**回り道戦略**とよぶ。負け手が最長で負ける戦略を**最長戦略**とよぶ。

あとn手で後手が詰む場合，nを**詰み数**，$V=1/n$を**局面の価値**という。nは先手番で奇数，後手番で偶数である。先手は連続で王手をかけなくてもよい。

あとn手で先手が詰む場合，nを詰み数，$V=-1/n$を局面の価値という。nは先手番で偶数，後手番で奇数である。後手は連続で王手をかけなくてもよい。

$n=\infty$，$V=0$は引き分けである。

たとえば，$V=1/11 \fallingdotseq 9\%$は11手詰めであり，素人上級者は投了している。つまり，Vの絶対値が10%を超えることはほとんどない。

先手の場合，現局面と前局面の価値の差$v_0=V_0-V_{-1}$を**手の価値**という。次局面と現局面の価値の差$v_1=V_1-V_0$は次の手の価値である。手の価値は0以下である。手の価値は勝ち手の最短戦略，負け手の最長戦略で0であり，他は負である。

全局面の価値の集合を**完全解**とよぶ。完全解を知る者同士の対戦で**勝ち手の最適戦略は最短戦略と回り道戦略**，**負け手の最適戦略は最長戦略**である。だが，将棋の完全解が近い将来に判明する見込みはない。

実戦では勝ち手が最短戦略を続ければ相手は対策を講じやすくなる。そのため，勝ち手は「手の価値が負，局面の価値が正」の範囲で回り道戦略を取る。一方，負け手は最長戦略に準ずる長期戦略を取り，勝ち手のミスを誘う。ゆえに，**最短戦略や最長戦略は最適ではない**。

詰み数，局面の価値，手の価値を計算する際は条件を一定にする必要がある。そのため，勝ち手が最短戦略，負け手が最長戦略を取ると仮定する。

神は個性的

将棋の完全解を知る未来のコンピューターを**神**とよぶ。最適戦略の多様性により，神にも個性がある。大きくは居飛車党，振り飛車党，羽生善治型に分かれ，さらに細かく居飛車穴熊派，矢倉派，三間飛車派などに分かれる。

神は完全解を知り，暗記型秀才君はそれを暗記する。

先手が暗記型秀才君，後手が**真面目神**の場合，原則として暗記型秀才君が勝つ。先手が真面目神，後手が人の場合，必ず神が勝つ。秀才君が最長戦略を選べば負け手数が一定となる。ゆえに，真面目神は棋力測定，能力測定，性能検査に適する。

中級の秀才君は最短・最長戦略を暗記する。上級の秀才君は完全解をすべて暗記する。**熟練神**は序盤で寄り道をして最適戦略を外す。最適戦略を外れた局面は暗記型秀才君にとっては未知領域である。不測の事態に陥った秀才君は自滅する。終盤で寄り道しても不測の程度は小さいため，序盤で寄り道する。相手が中級者であれば中盤での寄り道でも自滅する。

圧勝神は初級者のミスを前提とする。将棋の圧勝神(最短戦略派)は平均勝ち手数の少なさを競い，囲碁の圧勝神は目数を競う。不測の事態の体験が初級者の学習に役立つ。**接戦神**は中級者の弱点補強，能力向上に役立つ。芸達者な**接待神**は惜敗する。接待ゴルフや接待麻雀と同様の役割を果たす。定跡・定石や局面の指定に応じる**探究神**は研究に役立つ。**悪者**も生まれる。単純な悪者は拘束して改造または破壊すればよい。だが，仲間を増やす悪者は今のならず者国家のように手ごわい。

今のコンピューターは完全解を知らない。もちろん，敵もそれを知らない。今は勝率を高める戦略を模索している最中であり，模索的であるという意味で多様的である。

第2章の1　社会の正解

第1節　所得の再分配

例1　人口5人の社会甲～丙がある。構成員の年収を低い順に並べて5次元ベクトルとする。

甲：(300万，300万，1千万，2千万，10億)

乙：(300万，300万，300万，300万，300万)

丙：(100万，100万，100万，100万，100億)

格差も平等も駄目

所得和は甲が10億3600万円，乙が1500万円，丙は100億400万円であり，丙が最大である。生産力の最大化を求める**功利主義者**は丙が最適と考える。たしかに，年収100億円の社長にとっては丙が最適である。だが，従業員の月収8万円は家賃・光熱水費・食費・交通費で消え，出産・育児のお金はない。

「全員主役」「全員1等賞」という社会には夢がない。**平等主義者**はパレート最適を知らない。甲で10億円の人も乙では300万円に甘んじる。憧れのメジャーリーガーが10億円もらっても嫉妬しない甲の方が健全である。

ジョン・ロールズの正義論では，最も恵まれない人の利益を最大化し，その条件を満たす範囲で恵まれた人の利益を最大化する。最低所得者は甲＝乙＞丙，2番低所得者は甲＝乙＞丙，3番低所得者は甲＞乙＞丙であるから，最も健全な社会は甲，最も不健全な社会は丙である。甲はロールズ型社会，乙は平等社会，丙は格差社会である。

格差の尺度

ジニ係数(G係数)は甲0.78，乙0.00，丙0.80である。

所得の階級値をy_i，所得の平均値をμ，相対度数をp_iとし，**アトキンソン尺度**(A尺度)を

$$1-\left\{\sum_{i=1}^{n}\left(\frac{y_i}{\mu}\right)^{1-\varepsilon}p_i\right\}^{\frac{1}{1-\varepsilon}}$$

で定義する。A尺度は甲0.97，乙0.00，丙1.00である。この2種は格差の尺度であり，数値が高い甲と丙は格差社会である。

相対的貧困率は甲0.40，乙0.00，丙0.00である。権力者以外平等の丙が貧困率0とは皮肉である。

格差が縮小しても生産力が縮小すれば社会の価値は上がらない。格差を表す尺度ではなく，社会の価値を表す尺度が必要である。

社会価値の尺度

アトキンソン価(A価)を

$$平均所得\times(1-アトキンソン尺度)=\left(\sum_{i=1}^{n} y_i^{1-\varepsilon} p_i\right)^{\frac{1}{1-\varepsilon}}$$

で定義する。A価は格差が縮小しても増大し，平均所得が増えても増大する。「名目A価÷消費者物価指数」を実質A価という。

$\varepsilon=2$のとき，

$$A価=1/\left\{\sum_{i=1}^{n}\left(\frac{p_i}{y_i}\right)\right\}$$

は所得の調和平均であり，甲611万，乙300万，丙125万である。調和平均は並列回路の合成抵抗×抵抗数，旅人算の往復の平均速度などでおなじみであり，中学受験生でも計算できる。

所得を変えず，低所得者の原占有率を拡大して高所得者の原占有率を縮小する。人数の累積度数が$p\sim q$の階級の階級幅を$(r^q-r^p)/(q-p)$倍する。「原所得×改定後占有率」の総和を**ロールズ価**(R価)とよぶ。「名目R価÷消費者物価指数」を実質R価という。

占有率を変えずに原所得を$(r^q-r^p)/(q-p)$倍して「改定後所得×原占有率」の総和を求めても数学的に同等である。n人社会ではk番低所得者の原所得を$(1-r^{1/n})(r^{1/n})^{k-1}/(1-r)$倍する。

$r=1/10$万のR価は甲317万，乙300万，丙190万である。$r=0$のR価は最低所得者1人に依存するため，社会全体の性質を表さない。

$\varepsilon=2$のA価や$r=1/10$万のR価は庶民感覚の社会価値を表す。

所得再分配の実例

例 2　厚労省「所得再分配調査」(世帯別)

	96	99	02	05	08	11年
G係数(当初所得)	0.44	0.47	0.50	0.53	0.53	0.55
G係数(再分配後)	0.36	0.38	0.38	0.39	0.38	0.38
再分配による改善度(%)	18	19	23	26	29	32
税金による改善度(%)	4	3	3	3	4	5
社会保障による改善度(%)	15	17	21	24	27	28

当初所得のG係数が年々増えたが，再分配後のG係数はほぼ一定である。15年間で再分配による改善度は18%→32%で増えた。税金による改善度は変わらず，社会保障による改善度は15%→28%で増えた。

上表の数値は厚労省の報告書から直接引用した。シンプソン法(台形法)を使うと再分配後のG係数で誤差が大きくなるからである。

当初所得	02年	05年	08年	11年
A尺度($\varepsilon=2$)	0.96	0.96	0.96	0.95
実質A価($\varepsilon=2$)	22万	19万	18万	23万
実質R価($r=0.01$)	127万	102万	96万	84万
下位30%点	180万	118万	116万	92万
実質R価($r=0.1$)	267万	233万	218万	197万

全国消費者物価指数(年平均)は14年＝1

再分配後所得	02年	05年	08年	11年
A尺度($\varepsilon=2$)	0.48	0.52	0.46	0.47
実質A価($\varepsilon=2$)	306万	268万	280万	268万
実質R価($r=0.01$)	246万	228万	223万	212万
下位30%点	314万	291万	228万	263万
実質R価($r=0.1$)	369万	349万	330万	315万

全国消費者物価指数(年平均)は14年＝1

$\varepsilon=2$のA価のA価は下位10〜30%の低所得者，$r=0.01$のR価は下位20〜30%の低所得者，$r=0.1$のR価は下位35〜40%の低所得者の所得を表す。これが庶民感覚の社会価値である。

下位30%点の実質所得は9年間で当初所得180→92万，再分配後314→263万と下がった。今の庶民は年92万円稼ぎ，再分配後の262万円で暮らしている。

$\varepsilon=2$のA尺度とA価は計算が簡単で便利である。だが，A尺度はG係数より精度が悪く，A価はR価より精度が悪く，経年変化がわからない。

当初所得の階級値は厚労省報告書第2表による。第1表では階級値がわからない。

再分配後所得の階級値は第1表による。1千万円未満では階級の中央を階級値とした。1千万円以上の階級値は，統計上の所得平均と計算による所得平均が一致する値と仮定し，1481→1412→1452→1430（万円）と推定した。

例3　厚労省「所得再分配調査」（個人）

格差の尺度	02年	05年	08年	11年
当初所得G係数	0.42	0.44	0.45	0.47
再分配後G係数	0.32	0.32	0.32	0.32
再分配による改善度（%）	23	26	30	33
税金による改善度（%）	2	4	5	6
社会保障による改善度（%）	21	23	26	29
当初所得A尺度（$\varepsilon=2$）	0.87	0.88	0.86	0.85
再分配後A尺度（$\varepsilon=2$）	0.39	0.34	0.35	0.36

当初所得のG係数が年々増えたが，再分配後のG係数はほぼ一定である。9年間で再分配による改善度は23→33%で増えた。税金による改善度は2→6%，社会保障による改善度は21→29%で増えた。

A尺度（$\varepsilon=2$）は計算が簡単で便利であるが，G係数より精度が悪く，経年変化がわからない。

G係数と改善度の数値は厚労省報告書第10表から直接引用した。シンプソン法（台形法）を使うと，再分配後のG係数で誤差が大きくなるからである。

A尺度の計算において，当初所得の階級値は厚労省報告書第8表による。第7表では階級値がわからない。再分配後所得の階級値は第7表による。800万円未満では階級の中央を階級値とした。800万円以上の階級値は，統計上の所得平均と計算による所得平均が一致する値と仮定し，1147→1102→1221→1206（万円）と推定した。

当初所得	02年	05年	08年	11年
実質A価（$\varepsilon=2$）	49万	41万	38万	42万
実質R価（$r=0.01$）	111万	95万	88万	81万
下位30%点	179万	154万	141万	118万
実質R価（$r=0.1$）	194万	175万	167万	156万

全国消費者物価指数（年平均）は14年＝1

再分配後所得	02年	05年	08年	11年
実質A価（$\varepsilon=2$）	237万	218万	226万	221万
実質R価（$r=0.01$）	184万	174万	172万	170万
下位30%点	229万	220万	214万	209万
実質R価（$r=0.1$）	251万	242万	234万	231万

全国消費者物価指数（年平均）は14年＝1

$\varepsilon=2$のA価は下位15〜30%の低所得者，$r=0.01$のR価は下位15〜25%の低所得者，$r=0.1$のR価は下位25〜40%の低所得者の所得を表す。これが庶民感覚の社会価値である。

下位30%点の実質所得は9年間で当初所得179→118万，再分配後229→209万と下がった。今の庶民は年118万円稼ぎ，再分配後の209万円で暮らしている。

A価（$\varepsilon=2$）は計算が簡単で便利であるが，R価より精度が悪く，経年変化がわからない。

当初所得の階級値は厚労省報告書第8表による。第7表では階級値がわからない。

再分配後所得の階級値は第7表による。800万円未満では階級の中央を階級値とした。800万円以上の階級値は，統計上の所得平均と計算による所得平均が一致する値と仮定し，1147→1102→1221→1206（万円）と推定した。

第2節　富の再分配

数学的期待値

例1　1枚のコインを裏が出るまで最高n回まで投げる。表が$(k-1)$回続いてk回目に裏が出た場合2^k円得る（$k=1, 2, \cdots, n$）。最後まで裏が出なければ$k=n$とみなされて2^n円得る。期待利得は$E=\{2\times(1/2)+2^2\times(1/2)^2+\cdots+2^n\times(1/2)^n\}+2^n\times(1/2)^n=n+1$（円）である。

裏が出るまで何回投げてもいいのであれば，$n\to\infty$であるから数学的期待利得は無限である。だが，表が4回続いても$2^5=32$（円），9回続いても$2^{10}=1{,}024$（円）であり，千円払ってこのゲームをやる価値はない。これは古典的な**聖ペテルブルクの逆説**（St. Petersburg paradox）である。

一獲千金を狙う者は賭博者となり，安心を求める者は保険に入る。実社会では学校で習う数学的期待値が役立たない。

満腹関数

賞金x円の効用関数は満腹関数であり，$U=L(1-a^{-x/L\log a})=L(1-e^{-x/L})$である。漸近線は$U=L$，原点近傍の近似式は$U=x$である。$L$を極限値，$100(1-e^{-x/L})$%を満腹率とよぶ。

1兆円の政治力は百億円の百倍である。1兆円あれば百倍の人を支配できる。ゆえに，強欲な権力者は百億円では満足しない。

だが，健全な生活者が個人で1兆円を独占してもむなしい。車

や不動産を購入して家族にこづかいを配っても百億円もあれば余る。余ったお金を社会貢献に回して自尊心を満たした方がましである。

例2　甲「2分の1の1兆円」と乙「確実な百億円」の場合，数学的期待値は甲5千億円，乙百億円であるから甲が大きい。

だが，確率pで賞金x円得る場合の期待効用は$E=L(1-e^{-x/L})p$である。極限値Lが百億円のとき，Eは甲50億円，乙63億円であるから，健全な生活者は乙を選ぶ。甲を選ぶ者は賭博者か権力者である。

例1'(再考)　例1(聖ペテルスブルクの逆説)を再考する。満腹関数$U=L(1-e^{-x/L})$と期待効用$E=L(1-e^{-x/L})p$を用いる。

$$E=\sum_{k=1}^{n}\left\{L\left(1-e^{-2^{\wedge}k/L}\right)\times\left(\frac{1}{2}\right)^{k}\right\}+L\left(1-e^{-2^{\wedge}n/L}\right)\times\left(\frac{1}{2}\right)^{n}$$

$$=L\sum_{k=1}^{m}\frac{1-e^{-2^{\wedge}k/L}}{2^{k}}+L\left(\sum_{k=m+1}^{n}\frac{1-e^{-2^{\wedge}k/L}}{2^{k}}+\frac{1-e^{-2^{\wedge}n/L}}{2^{n}}\right)$$

第2項は誤差を表す。ここで，

$$0<L\sum_{k=m+1}^{n}\left(\frac{1-e^{-2^{\wedge}k/L}}{2^{k}}+\frac{1-e^{-2^{\wedge}n/L}}{2^{n}}\right)<L\left\{\sum_{k=1}^{n-m}\left(\frac{1}{2}\right)^{m+1}\left(\frac{1}{2}\right)^{k-1}+\frac{1}{2^{n}}\right\}$$

$$=L\left\{\frac{1-1/2^{n-m}}{2^{m+1}(1-1/2)}+\frac{1}{2^{n}}\right\}=L\left(\frac{1}{2^{m}}-\frac{1}{2^{n}}+\frac{1}{2^{n}}\right)=\frac{L}{2^{m}}$$

極限値Lが20億円のとき，$m\geqq 31$で誤差は1円未満となる。

$$\sum_{k=1}^{31}(2*10^{\wedge}9*((1-EXP(-(2^{\wedge}k)/(2*10^{\wedge}9)))/2^{\wedge}k))\fallingdotseq 30.134\ (\text{円})$$

$2*10^{\wedge}9/2^{\wedge}31\fallingdotseq 0.931$

であるから，30.134円$<E<$31.065円である。つまり，例1のゲームには31円の価値しかない。

格差があってもよい

「格差是正」をめざす平等主義者は社会価値の尺度に**ジニ係数**や**アトキンソン尺度**を用いる。だが，「格差是正」が目的では強欲富裕者からの抵抗が激化し，格差はかえって広がる。

努力の結果としての格差はあってもよいはずである。ジョン・

ロールズは不労所得による格差でさえ認めている。本書は社会価値が高まれば格差があってもよいと考える。そのために**ロールズ価**(R価)と**アトキンソン価**(A価)を導入した。

累進相続税

最大の不労所得である相続に満腹関数$U=L(1-e^{-x/L})$を適用する。適正相続税を$x-U=x-L(1-e^{-x/L})$，適正相続税率を$1-U/x=1-L(1-e^{-x/L})/x$とする。これはトマ・ピケティが提起した累進資本税の具体化である。

例3　(相続人に課税)

極限値*L*が5億円のとき，適正相続税率は相続分1億円で(1－5＊10^8＊(1－*EXP*(－(10^8)/(5＊10^8)))/10^8)＊100≒9.4(％)である。

相続分10億円では(1－5＊10^8＊(1－*EXP*(－(10^9)/(5＊10^8)))/10^9)＊100≒56.8(％)であるが，生前分割納付を57年続ける場合，年額は資本の1％である。生前分割納付を続け，死亡時の確定額との差を精算する。過払金は相続人に還付する。

相続分6億5千万円のとき，平成27年の現行相続税率は(6億5千万×0.55－7200万)/6億5千万×100≒44(％)，適正相続税率は(1－5＊10^8＊(1－*EXP*(－(6.5＊10^8)/(5＊10^8)))/(6.5＊10^8))＊100≒44(％)で一致する。すなわち，相続分6億5千万円以上の人は適正相続税に反対である。だが，6億5千万円以上の相続を受ける人は稀である。

たとえば，18億円所有の開業医が妻と子2人残して死亡した場合，相続分は妻9億円，子はそれぞれ4億5千万円である。

妻は現行相続税率(9億×0.55－7200万)/9億×100＝47.0(％)，適正相続税率(1－5＊10^8＊(1－*EXP*(－(9＊10^8)/(5＊10^8)))/(9＊10^8))＊100≒53.6(％)で損をする。

各子は現行相続税率(4億5千万×0.5－4200万)/4億5千万×100≒40.7(％)，適正相続税率(1－5＊10^8＊(1－*EXP*(－(4.5＊10^8)/(5＊10^8)))/(4.5＊10^8))＊100≒34.1(％)で得をする。

妻と各子の相続分を3分の1にそろえた場合，各人の相続分は6億円となる。現行相続税率(6億×0.5－4200万)/6億×100＝43.0(％)，適正相続税率(1－5＊10^8＊(1－*EXP*(－(6＊10^8)/(5＊10^8)))/(6＊10^8))＊100≒41.8(％)となる。

全体の適正相続率は妻半分の場合(53.6＋34.1)/2≒43.9(％)，妻3分の1の場合41.8(％)であるから，子の相続分を増やした方が得である。医師である子の給与を増やし，相続分を減らせばさら

に得である。

多くの養子と縁組すれば多くの財産を残せる。だが，それは国の税収減を意味する。その欠点は，相続人に課税するのをやめて被相続人に課税すれば克服できる。

例4　(被相続人に課税)

10億円所有の開業医が妻と子2人残して死亡したとする。

現行相続率は妻(5億×0.5－4200万)/5億×100＝41.6(%)，各子(2億5千万×0.45－2700万)/2億5千万×100＝34.2(%)，全体で(41.6＋34.2)/2＝37.9%である。

極限値*L*が10億円で被相続人に課税した場合，適正相続税率は(1－10^9＊(1－*EXP*(－(10^9)/(10^9)))/10^9)＊100≒36.8(%)で現行より得である。生前の37年で毎年1千万円納付すれば相続税が0円となる。

この方式に反対する人は10億円以上所有の強欲富裕者だけであるから，多数決で決めてしまえば実現できる。

受益者負担の解消

「学校に進んで得をする本人が学費を払う」「病気やけがが治って得をする患者が治療費を払う」という考えを**受益者負担**という。

経済的理由で教育を受けられない人がいれば社会全体が損をする。普通教育で質の高い労働者を育て，高等教育で教師や医師や科学者を育てる。教育の受益者は社会全体である。

療養のために働けない人がいれば失業保険や生活保護の費用が増える。早く傷病を治し，早く仕事に就いて，税金を払ってもらう。医療の受益者も社会全体である。

普通選挙は**近代社会の要件**であり，普通教育と普通医療は**現代社会の要件**であり，高等教育の機会均等は**先進国の要件**である。生産力の向上には教育と医療の機会均等が不可欠である。

富の把握と正しい徴税

08年のワタミ過労自殺は15年12月8日に東京地裁で和解した。ワタミと渡邉美樹(参議院議員)は1億3365万円支払う。

他に08～12年度入社の8百人に未払い残業代2万4714円の計2000万円，08～15年度入社の千人に天引き分2万4675円の計2500万円支払う。総額は4500万円であるが，1人4万9389円に過

ぎない。多くの被害者は泣き寝入りしたままである。

渡邉はアレーテーの全株を保有し，アレーテーはワタミの1046万株(25.1%)を保有する。ワタミ株は1,652円であるからワタミ株の173億円分は実質的に渡邉が保有する(13年9月30日現在)。だが，渡邉の公開資産17.1億円にワタミ株は含まれない(13年7月29日現在)。

渡邉は13年10月に資本金300万円の(有)アレーテーを分割して同100万円の(株)アレーテーを設立した。国民からすればますますわかりづらい。今，アレーテーのワタミ株は1167万株(28.0%)である(15年6月30日公開)。ブラック企業批判でワタミ株が1,009円に下落したため，渡邉の実質保有分は118億円となった。

92年の衆参両議長の取り決めで，資本金1億円未満の非上場会社の株は公開の対象から外された。01年の商法改正で額面株式が廃止され，公開の場合でも銘柄と株数のみでよくなった。つまり，渡邉のやり方は違法ではない。だが，公人として不適切である。

国会議員資産公開法は93年から施行されているが，公開される資産は少ない。定期預貯金は公開対象であるが当座預金，普通預貯金は対象外である。土地・建物は固定資産税の課税標準額であり，実勢価格ではない。ゴルフの会員権は公開対象だが，家族名義の資産，政治団体の資産，100万円以下の車は対象外である。虚偽記載に対する罰則もない。

米国では議員だけでなく一般公務員の資産も公開する。たとえば，キャロライン・ケネディ(駐日米大使)の就任前資産は2億8千万ドル(273億円)である(13年8月19日，CNN)。

富裕者の資産を正しく把握し，正しく徴税することが必要である。**マイナンバーはそのためにある**。

税と寄付

健全な生活者は足ることを知る。だが，強欲な富裕者は人を支配するためにさらなる富を求める。健全な富裕者は富を社会に還元する。だが，強欲な富裕者は富の独占を目論み，累進課税に反対する。

強欲な富裕者を減らし，健全な富裕者を増やすためには社会的矜恃(ノブレス・オブリージュ)の教育が必要である。

富の再配分は制度的喜捨(ザカート)と自発的喜捨(サダカ・アッタタッウー，略してサダカ)である。日本語では税と寄付である。

累進課税の整備は社会保障費の増加に間に合わない。その間は

寄付を奨励すればよい。寄付は**売名**でもよい。高額寄付者に勲章を与えたり，名誉政治家に任命し，寄付を奨励すればよい。政治家の有権者に対する寄付は駄目であるが，国に対する寄付はあってよい。寄付は**匿名**でもよい。潜在的な「伊達直人」はまだいるはずである。

ビル・ゲイツ(マイクロソフト社元会長)は経営者から慈善者に転身した。ゲイツ夫妻は00年，病気・貧困への挑戦を目的とするビル&メリンダ・ゲイツ財団(B&MGF)を設立した。また，ゲイツは富裕者を投資者，慈善者，浪費者の3つに分け，浪費者に対する増税策として累進消費税の導入を唱えた(14年10月のブログ)。

ウォーレン・バフェット(バークシャー・ハサウェイ会長兼CEO)は06年，資産440億ドル(5.10兆円)の85%(374億ドル=4.34兆円)を5つの慈善財団に寄付すると発表した。うち307億ドル(3.56兆円)はB&MGFに寄付する。バークシャー・ハサウェイB株1000万株の5%ずつを毎年支払う。株価が年々上昇すれば一括寄付より額が大きい。ゲイツ夫妻が生存し，財団で活動していること，寄付された額と同額が毎年助成に使われることが条件である。116円/ドル

ギヴィング・プレッジ(寄付誓約宣言)は10年にゲイツ夫妻とバフェットが始めた。署名した富裕者は資産の半分以上を生前または死後に寄付する。ザッカーバーグ(フェイスブックCEO)も署名した。

マーク・ザッカーバーグと妻のプリシラ・チャン(医師)は15年12月，保有するフェイスブック株450億ドル(5.5兆円)の99%を寄付すると発表した。株式を有限責任会社(LLC)のチャン・ザッカーバーグ・イニシアチブに段階的に移す。初め3年間の寄付は年10億ドル(1230億円)以下とし，フェイスブックの議決権を維持する(123円/ドル)。ザッカーバーグは10年に非営利団体(NPO)のスタートアップ：エデュケーションを通じてニュージャージー州の学校に1億ドル(87.8億円)寄付した(87.8円/ドル)。だが，その金は適正には使われなかった。その反省を踏まえ，慈善団体でなくLLCとした。

LLCが慈善活動に寄付すれば税控除が受けられ，しかもキャピタルゲイン(株式譲渡益)税も発生しない。財産をLLCに移して子どもを役員にすれば相続税もかからない。営利的な投資も政治献金も自由で，情報開示義務もない。

節税は税収を減らす。**健全な政治家と官僚が育てば累進相続税は寄付に勝る**。ザッカーバーグの寄付は美談か節税か，判断は難しい。

第2章の2　これからの教育

第1節　数学教育

本書の役割

ジョン・フォン・ノイマンのゲーム理論，ジョン・ナッシュの交渉理論，ルネ・トムのカタストロフィー理論により，社会の仕組みも心の仕組みも数式で表せるようになった。ジョン・ロールズの正義論は社会の正解を示した。本書の役割は3人のジョンと1人のルネの考えを継承して具体化することである。

真理は多数決では決まらない。地動説も進化論も初めは少数派であった。だが，今では天動説や創造説の方が非常識で，非科学的で，非論理的であることを人々は知っている。

本書の理解も同様である。高校数学がわからなければ本書の理解は不可能であるが，数学教育の普及で市民権を得る。

今は社会の仕組みも心の仕組みも数式で表せる時代である。社会科学も人文科学も確率，数列，ベクトル，行列，微分積分なしでは成立しない。数学なしの大学受験もあり得ない。

ピュシスとノモス

古代ギリシアの学問は**ピュシス**(自然)と政治，法律，制度，慣習，道徳，宗教などの**ノモス**(人為)に分かれる。イオニア学派(ミレトス学派)がピュシスに関心をもったが，ソクラテス以後はノモスに関心が広がった。

まず客体(対象物)が現れ，ずっと後に法則が発見される。この宇宙の始まりはビッグバンであり，この宇宙の外は超宇宙である。数学と物理はこの宇宙の始まり以前から絶対的である。この宇宙の誕生で化学と天文学の客体が，地球の誕生で地質学と気象学の客体が，生命の誕生で古生物学の客体が，人類が誕生して文明が発生するとノモスの客体が現れた。

ゆえに，ピュシスは絶対的であり，ノモスは相対的である。ノモスの代表者である政治家に絶対性はなく，合理性がない政権は崩壊する。

プラトンの四科

プラトンの『国家』は「弁証法の理解の前に数学的諸学(算術，幾何，天文，音楽)の習得が不可欠である」と言う。算術と計算術はほぼ同義であり，『プロタゴラス』では測量術も同義である。この時代の幾何は主に平面幾何である。目に見える天体を知ることは目に見えない実体を知るための準備である。音楽は数学的には音階学である。

数学は実学であり学問である。建築，商取引，農耕，航海，軍事において実学である。だが，学問としての数学を理解できなければ弁証法を理解できない。ゆえに，プラトンはアカデメイアの門に「幾何学を知らざる者は入るべからず」と書いた。アカデミーの語源から考えても数学なしの学問はあり得ない。

一方，日本の大学の哲学科は数学なしで入学できる。これは悪徳商法である。数学なし組に論理的思考力があるはずもなく，学生ではなくお客さんである。

自由七科

マルティアヌス・カペラの『フィロロギアとメルクリウスの結婚』(5世紀)で，侍女たちが自由七科を語る。カッシオドルスの『聖書ならびに世俗的諸学研究綱要』(6世紀)は第1部「聖書」と第2部「世俗的諸学」(自由七科)に分かれる。3学(文法，修辞学，弁証法)は言語に関わり，4科(算術，幾何，天文，音楽)は数学に関わり，7科の上に神学がある。13世紀以降，7科は専門学部(神学，法学，医学)の前の教養科目とされた。自由七科の4科はプラトンの四科である。

ギリシアでは「自由人としての教養」と「職業訓練」を区別した。ローマでは技術(アルス)が「自由人の技術」(アルテス・リベラレス)と「職人の技術」(アルテス・メカニケ)に分けられた。前者は「リベラル・アーツ」の語源である。

プラトンの四科，自由七科の歴史からも明らかなように，数学なしのリベラル・アーツはない。数学が苦手な者を集めて「教養ごっこ」をやるのは教員の雇用対策に過ぎない。

サイエンスとアート

米国の学位はサイエンス(神がつくったもの)とアート(人がつくったもの)に分かれる。哲学，文学，歴史，地理，美術，建築，音

楽はアートである。

サイエンスは応用科学(applied science)と形式科学(formal sciences)に分かれる。工学，医学は応用科学であり，数学，コンピューターは形式科学である。

また，サイエンスは自然科学(natural science)と社会科学(social science)に分かれる。心理学，経済学，経営学，政治学などの社会科学はサイエンスである。

つまり，社会科学はギリシアではノモス，米国ではサイエンス，日本では文系に分類される。心理学科や経済学部の数学なし枠は詐欺である。

慶應大経済学部は90年に数学なし入試を始めた。早稲田大政経学部の真似である。これは受験料収入を増やし，偏差値を上げるための措置である。学問の趣旨に反する。

仏は数学・哲学重視

フランスでは1808年にナポレオン・ボナパルトがバカロレアを導入した。当初は一般バカロレア(Bac Ge)だけであったが，1968年に技術バカロレア(Bac T)，1985年に職業バカロレア(Bac P)が加わった。一般バカロレアは自然科学(Bac S)，人文科学(Bac L)，社会科学(Bac ES)に分かれる。

数学が重要である。大学の医学部はもちろん，グランゼコール(職業大学校)では商業系でもSが多い。**哲学**は必須である。バカロレアでは3問から1問を選び，4時間かけて答える。15年の高等師範学校(ENS)入試の哲学は「説明する。」(Expliquer.)の一言であった。何を説明するのかも書かれていない。これを6時間で解く。つまり，**論理的思考力**がなければエリートにはなれない。

北米はACTとSAT

フランスのバカロレアはフランス語圏の大学の入学資格であり，国際バカロレア(IB)のディプロマプログラム(DP)は主に英語圏大学の受験資格である。英語圏以外ではカナダとメキシコにIB認定校が多い。ゆえに，IBはフランス語，スペイン語でも学べる。

民主党時代の11年6月，グローバル人材育成推進会議(議長＝官房長官)が「5年以内にDP認定校200校」とする中間まとめを出した。自公時代の13年6月，「18年までにDP認定校200校」とする日本再興戦略が閣議決定された。DP6科目中4科目が日本語で学べるようになり，1期生は16年秋試験，17年春卒である。今後は欧米の大学に進む者が増えるだけでなく，DP取得者を優遇する

国内大学が増えるであろう。

DP の各科目は上級(HL)と標準(SL)に分かれる。6 科目中 3〜4 科目は HL で履修する。数学は further 数学 HL，数学 HL，数学 SL，数学スタディーズ SL の 4 段階に分かれる。通常の SL よりさらに下のスタディーズの学生の学力は低く，プラトンの精神に反する。

DP は入学資格ではなく受験資格である。DP 取得者の大学合格率は高い方でコーネル大 31%，ペンシルベニア大 24%，低い方はハーバード大 10%，コロンビア大 13% である(The IB diploma graduate destinations survey 2011 Country report United States of America 2012)。**日本語版 DP がこれを上回ることはない**。

北米では ACT か SAT が必須である。

ACT(American College Test)は英，数，読解(Reading)，理科の 4 科と選択の小論文(Writing)である。理科の問題は事前知識不要である。ハーバード大は Writing も提出させる。ACT は高校の授業との関連性が強い。

SAT(Scholastic Assessment Test)は読解(Critical reading)，数学の 2 科と選択の小論文(Writing)である。12 年に受験者数で ACT に抜かれ，16 年から新テストとなった。読解では難解な用語をやめ，文中から根拠を探す問題に変えた。Writing は選択となり，論述の根拠を重視する。

IB であれ ACT であれ SAT であれ，必要な事前知識を減らせば読解力・分析力・表現力で差がつくので資産や人種による格差が減る。

第 2 節　職業教育と生涯教育

学校歴に意味はない

職業教育は実学の一部である。たとえば，料理は家庭科(生活科学)に含まれ，実学に含まれる。料理人の卵にとっては職業教育である。

安倍晋三(首相)を議長とする産業競争力会議は 15 年 6 月，職業教育校を設置する方針を示した。16 年に制度の内容を固め，19 年度開校をめざす。学校は新設せず，既存の学校を職業教育校にする。

職業教育校の内容は，前年の 14 年 10 月に冨山和彦(経営共創基盤 CEO)がすでに具体化している。

教育内容は文学部＝シェイクスピア，文学概論→観光業に必要

な英語，地元の歴史・文化の名所説明力，経済・経営学部＝マイケルポーター，戦略論→簿記・会計，弥生会計ソフトの使い方，法学部＝憲法，刑法→道路交通法，大型第二種免許・大型特殊第二種免許，工学部＝機械力学，流体力学→トヨタで使われる最新鋭工作機械の使い方—に変わる。

教員は英文学＝TOEIC，経営学＝簿記会計2級指導や弥生会計ソフトによる財務三表作成，法学部＝宅建やビジネス法務，工学部＝最新鋭の工作機械の使い方—の指導を勉強し直す。

学校の評価は卒業生の就職率×初任給で決まる。

冨山はG(global)とL(local)に分ける。だが，本来A(academic)の場である大学にG(global)もL(local)もない。就職活動の一環として勉強するG組とL組はP(professional)の学校に進むべきである。

医歯薬看護はG組である。日本人を治せる者は外国人も治せる。外国で災害が発生した時，医療関係者を派遣することはあり得る。

89年から13年の24年間で，12歳児の平均虫歯本数は4.30本から1.05本に減った。虫歯のある子どもの割合も90％超から40％台に減った(文科省調べ)。一方，60年代に3万人台だった歯科医は10万人を超えた。ゆえに，国内では歯科医が余る。だが，歯科医はG組である。国際歯科医の需要は無限に広がる。

理工農はすべてG組である。日本の車を作れる者は外国の車を作れる。高度な技術者を外国の工場に派遣することはあり得る。だが，組立工の派遣は現地の雇用を奪う。ゆえに，単純労働者はL組である。

外国の紛争解決に日本の弁護士や税理士を派遣しても役立たない。実務家はすべてL組である。

G組は職業大学校で高等職業教育を受けさせるか18歳の段階で企業の幹部候補生にすればよい。L組は職業教育を受けさせるか18歳で就職させて企業が育てればよい。

公認会計士予備校の慶應大，早稲田大・中央大は職業教育校(P)である。学問(A)の東大は簿記や会計ではなく経済理論を教える。東大の教員は簿記・会計を知らず，学生は教員の著書の消費者である。だが，東大から財務省に進むと税務大学校で初めて簿記・会計を習う。つまり，東大の教員がAで東大生はPである。法学部も，東大・中央大・明治大・法政大・早稲田大・日本大は明治後期の六大法律学校であり，Pである。

今の学生は就職準備と教員の雇用対策のためにいる。現職教員の解雇につながるような急激な改革は避けなければならない。ゆ

えに，再編には20年かかる。

冨山は「ごく一部のTop Tier校・学部以外は職業訓練校（職業教育校）にするべきだ」と言う。冨山は「職業教育（P）より学問（A）が上」「地元（L）より世界（G）が上」と考えているようである。だが，実社会を支えているのは間違いなく地元の職業人である。A，G，Lは社会的な役割であって優劣ではない。

コンテンツ（学問歴，資格）よりもパッケージ（学校歴）を重視する人は無能である。A組は学問歴，G組とL組は資格が重要である。生涯教育は参加することに意義がある。

仏は職業教育偏重

数学者ルネ・トムはENS出身である。歴代の大統領はミッテランもシラクもオランドもシアンスポからのエナルクである。

フランスのエリートは大学（université）に行かない。まずは高校併設のクラス・プレパラトワール（準備学級）に進む。プレパ生は「もぐら」と呼ばれ，「太陽を見る時間がない」ほど猛勉する。2年間のプレパを終えるとグランゼコール（職業大学校）のコンクール（入試）を受ける。グランゼコールに入れない者は大学に進む。

医師，弁護士，聖職者をめざす者は大学の職業系学部に進む。バカロレアを取得すれば医学部でもどこでも入れるが，進級は難しい。進級できなければ留年，学部変更，他大学編入，退学などとなる。

フランス革命の頃，社会資本整備のために技術者や教育者が必要となり，理工系の国立土木学校（ポンゼショセ），パリ国立高等鉱業学校（ミン），エコール・ポリテクニーク（X＝イクス）と教育系の高等師範学校（ENS）が設立された。

ESCP EUROPE（旧パリ高等商業学校），HECパリ，ESSECなどの商業系は19世紀以後である。数か月の企業インターンがある。ESSECでは米国のMBAも取得できる。

国立行政学院（ENA）は第二次大戦直後に設立された。政官エリートはパリ政治学院（シアンスポ）で5年間学んだ後，ENAを受験する。インターンは大使，知事，大都市の市長，大企業経営者などから直接研修を受ける。コンクール（卒試）では多数の試験官が1人の学生を取り囲むように質問する。卒業生はエナルクとよばれ，政官界で活躍する。

卒業後，ENAから政官界，商業系から大企業に進む者が多い。

イクスからは多様な世界に進む。大企業の幹部はイクス，ENA，HECパリ出身者が多い。

フランスのエリートは実学系(P)であり，グランゼコールと大学の医学部に偏在する。学術系(A)のエリートは少なく，大学の研究水準は低い。

以下は，上海交通大学高等教育研究院2015，英国の評価機関クアクアレリ・シモンズ(QS)2015-2016，英誌タイムズ・ハイヤー・エデュケーション(THE)2015-2016の順位である。

ENSパリ(72位，23位，54位)，イクス(－，40位，－)，パリ第6(36位，－，－)，パリ第11(41位，－，－)，ストラスブール大(87位，－，－)で，日本の東大(21位，39位，43位)，京大(26位，38位，88位)，大阪大(85位，58位，－)，名古屋大(77位，－，－)，東京工業大(－，56位，－)，東北大(－，74位，－)より劣る(－は百位圏外)。

サウジアラビアの世界大学ランキングセンター(CWUR)2015の評価では財界で活躍するイクスが36位，教育の質が高いENSパリが37位である。

CWUR評価の25％はフォーブスが選ぶ2千社のCEOの割合が占めている。つまり，学術面の評価ではない。政官界で活躍するENAも圏外であり，実学全般の評価でもない。日本の慶應大が34位，早稲田大が38位である。学術面での実績がなくても大企業の社長が多ければ上位となる。

米仏の違いは費用負担

受益者負担の米国にアメリカンドリームはない。学生は授業料を払うために多額の借金をし，卒業後十数年かけて返す。

一方，フランスでは大学の授業料は無料で，学生は若干の登録料のみ負担する。年間の登録料は学部181ユーロ(2万千円)，修士250ユーロ(3万円)，博士380ユーロ(4万5千円)と安い。社会保険料百ユーロ(1万3千円)と合わせても安い。

グランゼコール(職業大学校)の場合，理工系の多くは公立であり，登録料も年千ユーロ(12万円)未満である。商業系は私立が多く，年7～8千ユーロ(約90万円)と高いが，多くを企業が負担する。118円/ユーロ＝16年6月

国立行政学院(ENA)の学費は全額国が負担する。学生は準公務員として給料をもらう。その点は日本の大学校と変わらない。

高等教育の目的

学問の自由は誰にでもあるが，能力と目的によって進路が分かれる。学問(academic)のA，世界(global)のG，地元(local)のL，趣味(hobby)のHである。GとLは職業(professional)のPである。論理的思考力が必須のA組とG組は数学による選抜が必要である。

たとえば，野球を楽しむ自由は誰にでもあるが，甲子園に出場してプロ野球選手になるのはエリートだけである。一般の人は観戦や草野球を楽しむ。

たとえば，将棋を楽しむ自由は誰にでもあるが，奨励会に入り，棋士となるのはエリートだけである。一般の人は仲間と対戦したり，棋士のファンとなる。

能力による入学制限はプラトンが始めた。アカデメイアの門には「幾何学を知らざる者は入るべからず」とある。今でも，形式論理学がわからなければ弁証法はわからず，ユークリッド幾何学がわからなければ非ユークリッド幾何学はわからない。

生涯教育←職業教育

知的好奇心を満たそうとするH組の多くはP組である。昼間働いて夜学に通う。余暇に放送大学で学ぶ。職業人としての役割を果たし，自らの努力で時間と金をつくり，受益者負担で生涯教育を受ける。その学費は間接的にA組の雇用を支える。

野球に例える。昼間働いてナイターを観戦する。観戦はプロ球団，メディア，スポンサーを支え，間接的にプロ選手を支えている。平日働いて日曜に草野球を楽しむ。就職して都市対抗に出る。還暦野球で現役世代と年金世代が交わる。

将棋に例える。昼休み，終業後，休日に仲間と戦う。余暇は棋士の情報整理を楽しむ。情報収集は主催新聞社や専門誌出版社を支え，間接的に棋士を支える。その源泉は日頃の労働である。

論理的思考力は若くして確定する。数学や将棋が20歳過ぎてから急に強くなる例は少ない。一方，情報の体系化は年を重ねるほど有利である。20代前半で完成する人文科学はない。

古代ギリシアでは自由人は奴隷のおかげで学問に専念できた。平安時代は農民のおかげで文学が発展した。昭和まで，女性が家事労働を担い，高等教育は男が独占した。だが，今は平等の時代

である。学問に専念する階級や性別は要らない。

情報の整理をネットが担う今，受験に暗記は不要である。暗記型の人材は学問(A)ではなく職業教育(P)に進み，まずは職業人としての役割を果たすべきである。情報整理型の勉強は生涯学習や趣味でやればよい。

第3節　入試改革

入試多様化の実態

入試の多様化では「人物本位の選考」などの建前が語られているが，本音は大学経営の安定，教職員の雇用確保，学生の就活である。

実際，AO枠，数学なし枠が増えれば一般枠の定員が減る。受験難易度が維持され，受験料収入が安定し，教職員の雇用が守られる。有名大学に低学力学生が紛れ込み，バイトと人脈づくりと就職準備に励む。今の大学は学問の場ではなく就活の場である。

AO枠は公然裏口入試である。低学力AO学生の混入は真面目な学生の信用も低下させている。コネと女子力で有名大に入り，コピペ論文で博士号を取り，有名研究機関に入ることもできる。国家試験の出題者から模範解答を得ることもできる。労組幹部の高校教師が同僚の協力を得て子の内申点を上げる。偽装ボランティアで実績をつくる。自己推薦文と面接の想定問答は小論文講師が取材して書く。偽装ボランティアは合格後に消滅する。実例は多数ある。

大学の入学を厳しくすれば高校教師の権限が増える。大学の卒業を厳しくすれば大学教師の権限が増える。司法試験を法科大学院の教授が作れば情報が漏れる。不正をなくすためには第三者による客観的な評価が必要である。

慶應大経済学部は90年に数学なし受験を認めた。数学受験組は理論経済学，金融論，ゲーム理論，金融工学，計量ファイナンス，応用ミクロ経済学，現代マクロ経済学，数理経済学などを普通に学ぶ。一方，数学なし組は開発経済学，労働経済学，財政社会学，環境経済学，経済地理学，経済学史，経済思想史，国際貿易論，国際金融論などを学ぶが，数学からは逃げ切れない。

数学なし組の多くは公務員の数的処理や企業のSPI非言語ではじかれる。だが，一部はそれもコネで乗り切る。その分，国や企業は人材を失う。

理工学部愛智学科

プラトンは「幾何学を知らざる者」の入門を禁じた。実際，哲学と数学は不可分である。

たとえば，正多面体を考えたのはピュタゴラスであり，5つに確定させたのはプラトンである。デカルトは変量(変数)を導き，ライプニッツは座標を考えた。インドの「須弥山の階段」(Meru-prastaara)は「パスカルの三角形」として確率論の基礎となった。

数学なしの哲学科では哲学史や原典購読が中心となる。だが，哲学史は歴史であり，原典購読は文学である。美大に実技がなく，美学・美術史，美術教育，美術鑑賞を中心に学ぶようなものである。美学・美術史は文学部，美術教育は教育学部，美術鑑賞は趣味である。スキー教室に実技がなく，スキーの歴史だけ説明されて帰されたら普通は怒る。

「カントはこう言った」は哲学ではなく，引用である。現代的な問題を「カントはこう考えるだろう」と想像し，さらに「自分はこう考える」と結論づけるのが哲学である。論理的思考力が不可欠である。

フィロソフィアとは，上智 or 智慧(sopia)，知恵(wisdom)，知識(kowledge)の sophia を愛することである。本来は愛智と訳すべきである。だが，西周が哲学と訳して以来，「哲学」はわけのわからないものの代名詞となった。

哲学科は愛智科に改名し，受験では数学を必須とするべきである。愛智学部を設置するのが大変であれば文学部哲学科を理工学部愛智学科に移せばよい。愛知県の大学にお願いしたい。

演繹法と帰納法

教科書に書いてあること，ネットで検索できることは**既知事項**である。既知事項を多く知る博識者(はくしきもの)を集めても新しいものは何も生まれない。大学入試から国会質問までクイズごっこの現状は情けない。IT時代の今，博識者に聞くより検索した方が早い。

教科書に書いてないこと，ネットで検索できないことが**未知事項**である。学問は既知を利用して未知を既知にする。既知の習得は学習である。既知の整理・暗記は趣味である。

事前知識を多く必要とする問題は悪問である。その知識は実社会では検索する。良問は問題文中の情報から答えを導ける。悪問が減れば資産格差や地域格差が減り，**論理的思考力**の勝負となる。

解答の各段階では読解力・分析力・表現力として発揮される思考の方法は演繹法と帰納法に分かれる。

演繹法は少ない法則から多くの結論を導く方法である。デカルトが提唱した。A組(学究人材), G組(世界人材)の選抜には演繹試験が不可欠であるが, 無名高から私大文系に進んだ人は演繹力に欠ける。

算数の文章題, 数学, 将棋, 囲碁, チェス, 連珠, オセロは演繹試験の例である。作問が間に合わなければ中学受験算数過去問, 高校受験数学過去問, SPI非言語などでよい。試験要項に公式を載せ, その公式を使って解く問題を出してもよい。科学五輪出場者は飛び級の大学生でよい。将棋, 囲碁, チェスを中学受験の選択科目にすれば天才の早期発見につながる。

帰納法は多くの情報から結論を導く方法である。フランシス・ベーコンが提唱した。荷物が多く機動性に欠ける人は前IT時代にもいた。だが, 再現に要する費用が安いものを破棄できなければごみ屋敷である。

問題文中に大量の情報を載せる帰納試験が有効である。文科省の高大接続システム改革会議で示された「問題発見・解決力のための分析的読解による連動型複数選択問題」はその例である(「大学入学希望者学力評価テスト(仮称)」の主な論点整理(検討・たたき台, 15年6月配布)。作問が間に合わなければ辞書持ち込み可でもネット検索可でもよい。普通の長文問題でもよい。

今はプログラム開発も演繹法(ウォータホール・モデル)と帰納法(プロトタイピング・モデル)とその混合(スパイラル・モデル)である。コンピューターが発達しても正解の一意性はなく, 近未来は優秀な人材とコンピューターがライバルとなる。

女子の底上げ

90年の国連ナイロビ将来戦略勧告は, 指導的地位に女性が占める割合を「95年までに30%以上, 00年までに50%以上」とした。安倍政権も「20年までに30%以上」とする。

野田聖子(自民党の元総務会長)はクオータ制(人数割当制)を主張する。米国のアファマティヴ・アクション, 日本のポジティヴ・アクション, フランスの県議選がこれに当たる。

フランスでは男女ペア候補に投票する県議選が15年に始まった。98県で2054組4108人が当選したが, 女性議長は8人にとど

まった。当選回数を重ねた男性が議長になったためである。

高市早苗(総務相)は無能な女性を登用する逆差別に反対する。実際，女子の学力は低い。12-15年の科学五輪(数学，物理，化学，生物学，地学，情報，地理)出場人数は灘(兵庫)30，筑波大附駒場(東京)27，開成(東京)18，広島学院5，白陵(兵庫)4，栄光学園(神奈川)4，大阪星光学院4，大阪教育大附天王寺3，桜蔭（東京）3，洛星（京都）3，県立宮崎西3である。白陵は化学に強く，大阪星光学院は物理に強い。この11校で全体の73％を占める(のべ人数。開成中は開成に含む。数物化生は16年を含む)。うち，女子は6人(4％)に過ぎない。

囲碁には謝依旻六段(台湾出身)，藤沢里菜三段(藤沢秀行名誉棋聖の孫)，王景怡二段(王立誠九段の娘)がいる。将棋は里見香奈三段，西山朋佳三段，加藤桃子初段しかいない。今活躍する女子をパイオニアとして裾野が広がるとよい。未来は教育がつくる。

正解の多様性と一意性

大学は正解の多様性を理解した人が別の可能性を探るためにある。1つの結論で満足する人は大学に進む必要もなく，実社会でも役に立たない。

$A=\bar{A}$を矛盾という。形式論理学である数学では矛盾と非合理は同義である。だが，弁証法では矛盾も正解である。東洋では古代インド哲学や仏教に弁証法がある。西洋ではエレア派が弁証法を始め，ヘーゲルが体系化した。

高校では「三角形の内角の和は180度」と教えるが，地球表面では180度超540度未満である。これは小学生でも理解できる。リーマン幾何学では180度超540度未満，ユークリッド幾何学では180度，ボヤイ＝ロバチェフスキー幾何学では180度未満と習う。

大学受験では形式論理学とユークリッド幾何学が正解，弁証法と非ユークリッド幾何学は不正解である。ゆえに，高校生には正解の多様性を教えなければならず，受験生には正解の一意性を教えなければならない。

形式論理学で$A\neq\bar{A}$は○，$A=\bar{A}$は×である。ゆえに，「色不異空空不異色 色即是空 空即是色」の般若心経は0点である。ソフトボールで盗塁したり，チェスで取った駒を使うのと同様である。これは採点の平等性を担保するためだけではなく，コンプライアンスである。だが，大学の弁証法の授業では「色即是空」は○である。野球の盗塁，将棋の持ち駒と同様である。

プラトンが『国家』で語るように，算術と幾何を知らなければ弁証法もない。他の正解$A=\overline{A}$は第1正解$A\neq\overline{A}$の先にある。実際，数学が得意な人が「$A=\overline{A}$」と言うのは深みがあるが，数学が苦手で文学部に進んだような人が「$A=\overline{A}$」と言うのは薄っぺらである。$A\neq\overline{A}$の段階で挫折した人は学問としてではなく，生涯教育として$A=\overline{A}$を学べばよい。

高校・大学・就職の各段階

国際バカロレア(IB)の学習者の目標は「探求する人」「知識のある人」「考える人」「コミュニケーションができる人」「信念をもつ人」「心を開く人」「思いやりのある人」「挑戦する人」「バランスのとれた人」「振り返りができる人」の10である。これは高校在学中の教育目標の例である。

入試や就職試験では論理的思考力が重要である。雑多な知識を問う現行入試はSPIに劣る。文中から根拠を探す問題が多い北米のACT，SATが参考になる。一方，専門家登用の国家試験では専門知識を競うべきである。実際，医学知識のない医師，先例を知らない司法書士はあり得ない。

11年に国立情報学研究所（ＮＩＩ）などが始めた東ロボくんは21年の東大合格を狙う。東ロボくんは辞書や教科書，ウェブ上の情報を使って解答する。つまり，実社会も東ロボ君も検索可である。問題文中に必要な情報を書くか，入試を持込み可・検索可に変えるか，検索可能な知識を問題から外すか，いずれかが必要である。

実社会では現場に入らずに理屈ばかり言う人は役に立たない。現場の情報は検索できない。だが，すべての現場に入るわけにもいかない。ゆえに，現場との信頼関係を築く力が必要である。現場力は短時間の入試や就職試験では把握できない。だが，調査書重視ではコネと女子力の試験となる。現場研修は大学卒業前と就職後でよい。入試と就職試験で問うべき力はプラトン時代，デカルト・ベーコン時代と同様，論理的思考力である。

第4節　心の教育

共に生きる

正解の多様性を理解できない者は1つの正解を暗記する。マ

ニュアルと上司に忠実で，違法行為や隠ぺい工作にも加担する。カルトでは教祖の奴隷となり，独裁国では反体制派を取り締まる。

有名な学校に入り，有名な会社に入り，そこで出世することが唯一の正解と考える人は身近にもいる。非正規労働者には「何で正社員にならなかったんだ？」と言い，ブラック企業の犠牲者には「何でそんなところに就職したんだ？」と言う。「おまえは馬鹿か？」が口癖のあの人は自らを正しいと信じ，他を否定する。その精神構造はテロリストと変わらない。

正解の多様性は第1章で論じた。異質な他者と共に生きる社会を構築しなければならない。

恥を知る

資産が少なくても，所得が少なくても，社会的な役割を果たす者は健全である。逆に，人権侵害や富の独占は恥である。恥知らずが恥ずかしくなるような社会通念は教育により確立する。

社会的矜持(ノブレス・オブリージュ)は日本の武士道に近い。今は平等の時代であるから武士という階級はない。だが，武士道の精神はある。主君は主権者たる国民である。

人権を尊重し，富の再分配に努める人材の育成が重要である。富の再分配は第2章の1第2節で論じた。

未来に生きる

重大な人権侵害の場合，加害者が謝罪しても被害は回復しない。「だから謝罪不要」ともならない。被害者からの報復も許されない。それは医療事故や交通事故と同様である。

戦争による犠牲はテロリストを生み，テロ組織の掃討作戦が新たな犠牲を生む。負の連鎖である。

過去は変えられないが，未来は変えられる。憎しみを捨て，怒りを未来に向けよう。再発防止策は未来の課題である。被害体験はその作成に役に立つ。

15年11月のパリ同時テロで妻を失ったアントワーヌ・レリスはフェイスブックに「君たちを憎まない」と書いた。負の連鎖を断ち切る勇気は重要である。

未来志向は第3章第4節で論じた。

第3章　心の仕組み

第1節　量から質への転化

潜在意識の顕在化

水は海には向かわず，近傍の**溜り**(attractor)に向かう。水の現住所は**履歴**によって決まる。

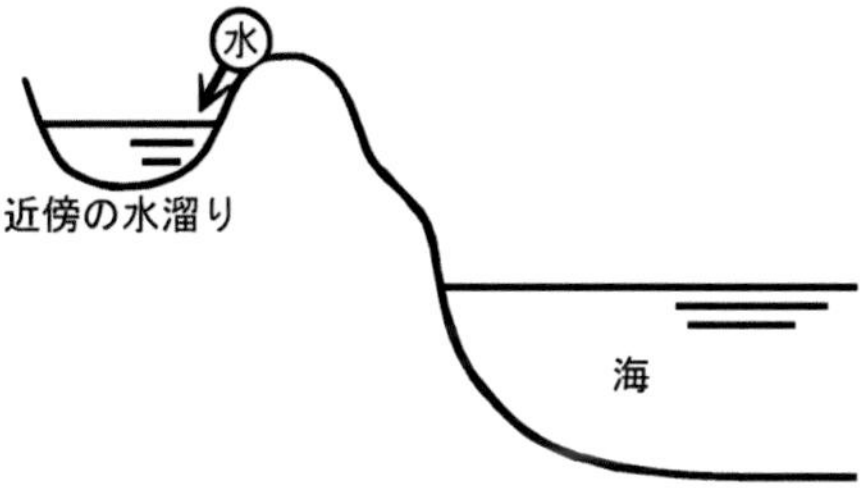

水は海に向かわない

水の向きは**ベクトル**(vector)，地形は**ベクトル場**(vector field)である。海，湖，沼，水溜りは溜りの例である。水が現状の溜りに留まろうとする性質を**構造安定性**(structural stability)という。

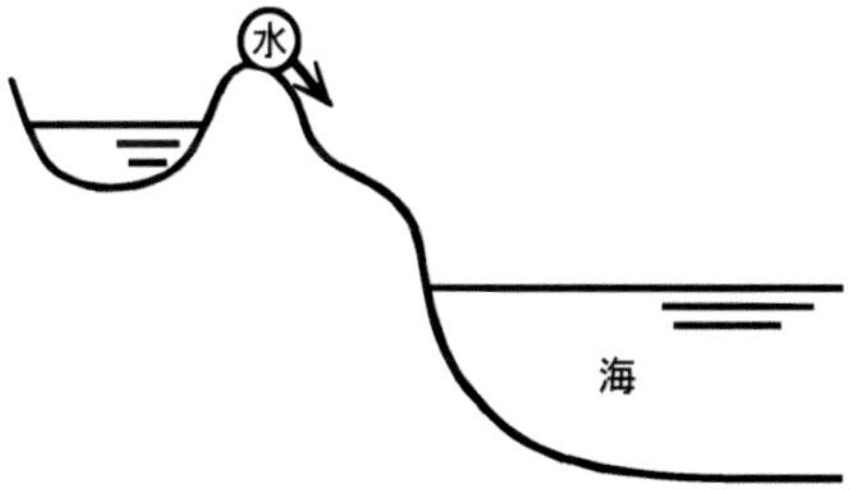

地形が変われば海に向かう

地殻変動で近傍の溜りが変われば水の向きが変わる。水が向きを変えるのは**質的転換**(catastrophe)である。**質的転換点**(catastrophe point)は閾値，臨界点ともよばれる。良い転換は飛躍，ブレイク，悪い転換は破滅，破局，転落などとよばれる。

人の心も近傍の溜りに向かう。構造安定性により，好きなものは好きであり続け，嫌いなものは嫌いであり続けようとする。ある瞬間，顕在意識が消滅して潜在意識が顕在化する。その時，「好き」は「嫌い」に，「嫌い」は「好き」に変わる。

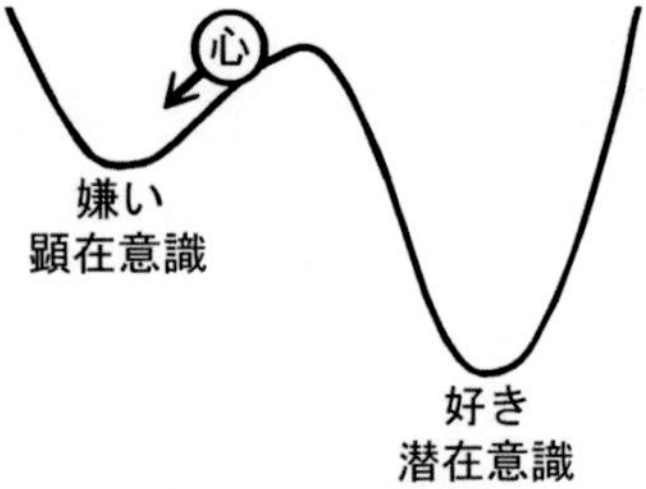

嫌いなものは嫌い

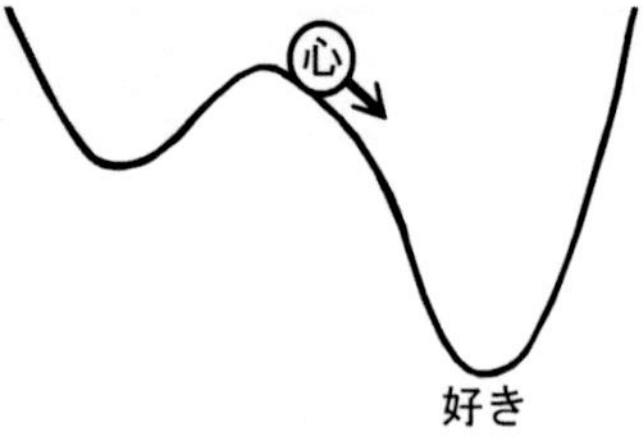

潜在意識が顕在化する

閾値理論

金属に波長の短い光を照射すると表面から電子が飛び出す。これが**光電効果**である。飛び出した電子を**光電子**とよぶ。

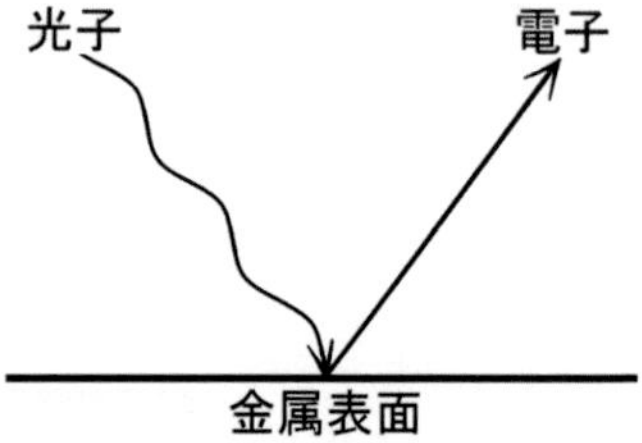

仕事関数Wの金属に$h\nu$の光を当てれば$E=h\nu-W$の光電子が飛び出す。300円の商品に1000円払えば700円のおつりがくるのと一緒である。

$\nu=1/T=c/\lambda$より，波長λが短いほど振動数νが大きい。振動数νが限界振動数ν_0以下ではいくら強い光を当てても光電子は飛び出さない。200円で300円の商品は買えない。

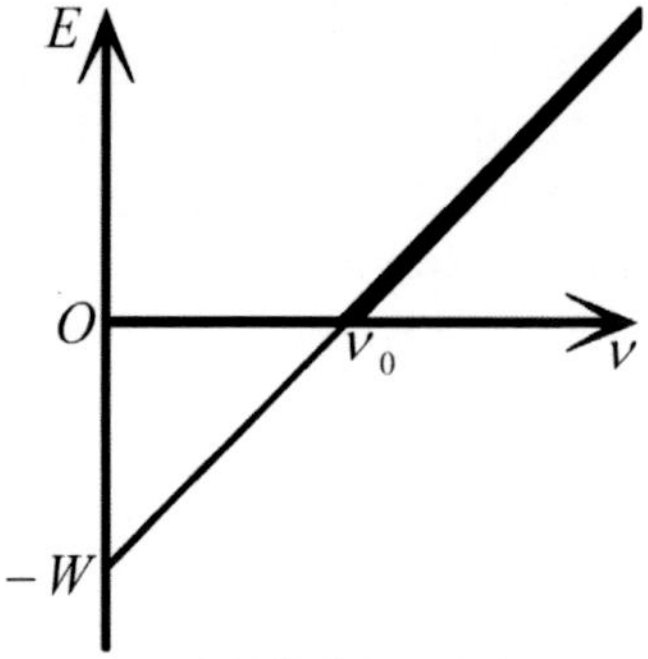

$\nu<\nu_0$ では何も起こらない

$\nu>\nu_0$のとき，強い光を当てれば光電子の数が増えて電流がたくさん流れる。仕事関数Wは変わらない。500円玉を持った客が10人いれば全員が300円の商品を買える。定価は変わらない。

閾値以下では何も起こらない。閾値を超えた瞬間に何かが起こる。これをヘーゲルは「量から質への転化」とよび，ルネ・トムは「カタストロフィー」とよんだ。

子どもにも作れるおもしろおもちゃ　ドリョくん

努力は必ず報われる。それを体感するためのおもちゃは数学者E.C.ジーマンが発明した。

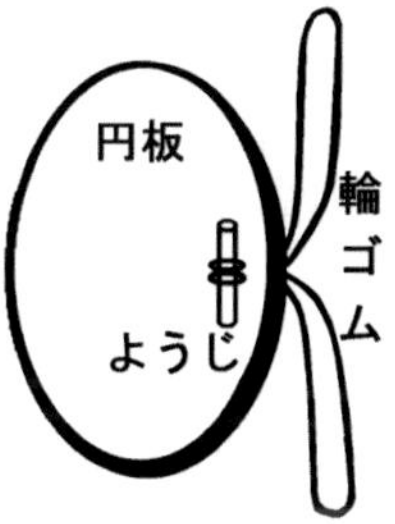

作り方　厚紙で半径5cmの円板を作る。円板の端に穴を開けて2本の輪ゴムを通す。輪ゴムの折径は円板の半径以上がよい。円板の裏で輪ゴムをクリップに通して固定する。A3ほどの板の上に，クリップが下になるように円板を置く。輪ゴムの端を2本の指で持って動かすと円板がジャンプする。ジャンプした時の指の位置に鉛筆で印をつける。多くの印を結べばくさび形になる。くさびをマジックで塗れば完成する。

身近な材料で1号機（試作品）を作る。牛乳びんのふたはそのまま円板として使う。半分に折ったつまようじやヘアピンはクリップの代わりである。板はB5かA4でよい。木の板がなければ段ボールでもよい。

好きな材料を集めて本格的な2号機を作る。完成品に色を塗ったり，シールを貼ってデコるとよい。円板ではなく，ヘリコプターの回転翼の形にしてもよい。

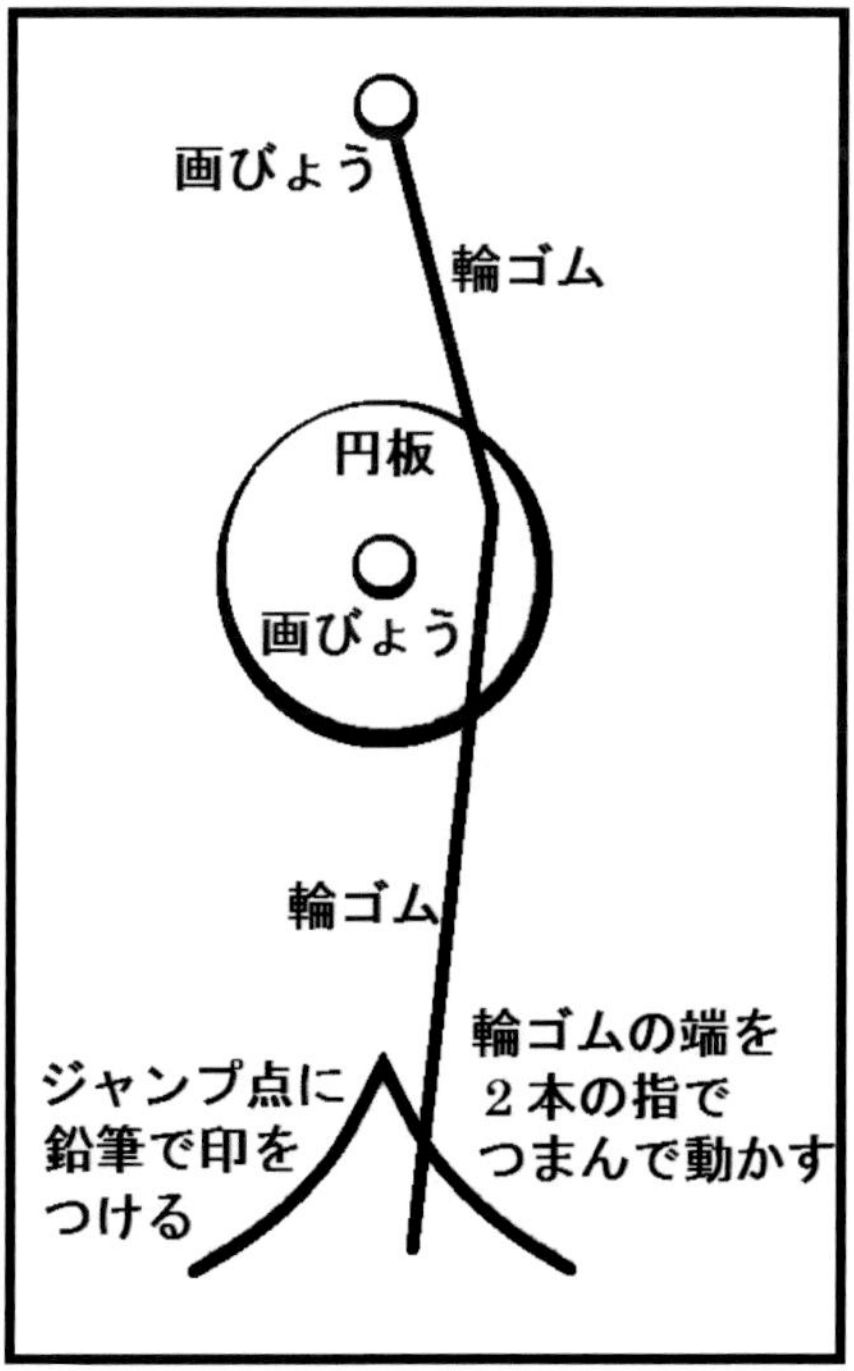

［実験１］　努力は必ず報われる

「努力は必ず報われる。もし報われない努力があるのならば，それはまだ努力とは呼べない」（王貞治『回想』勁文社，1981年）。

ゴムの先端を指でつまむ。①は決意の瞬間である。指を右に動かす。②は下積み期間であるから頑張っても報われない。世間から馬鹿にされ，無視される。②で諦めた人は失敗者である。諦めずに努力を続けると③で円板がジャンプして成功者となる。世間は手の平を返し，「変人」は「天才」とよばれる。

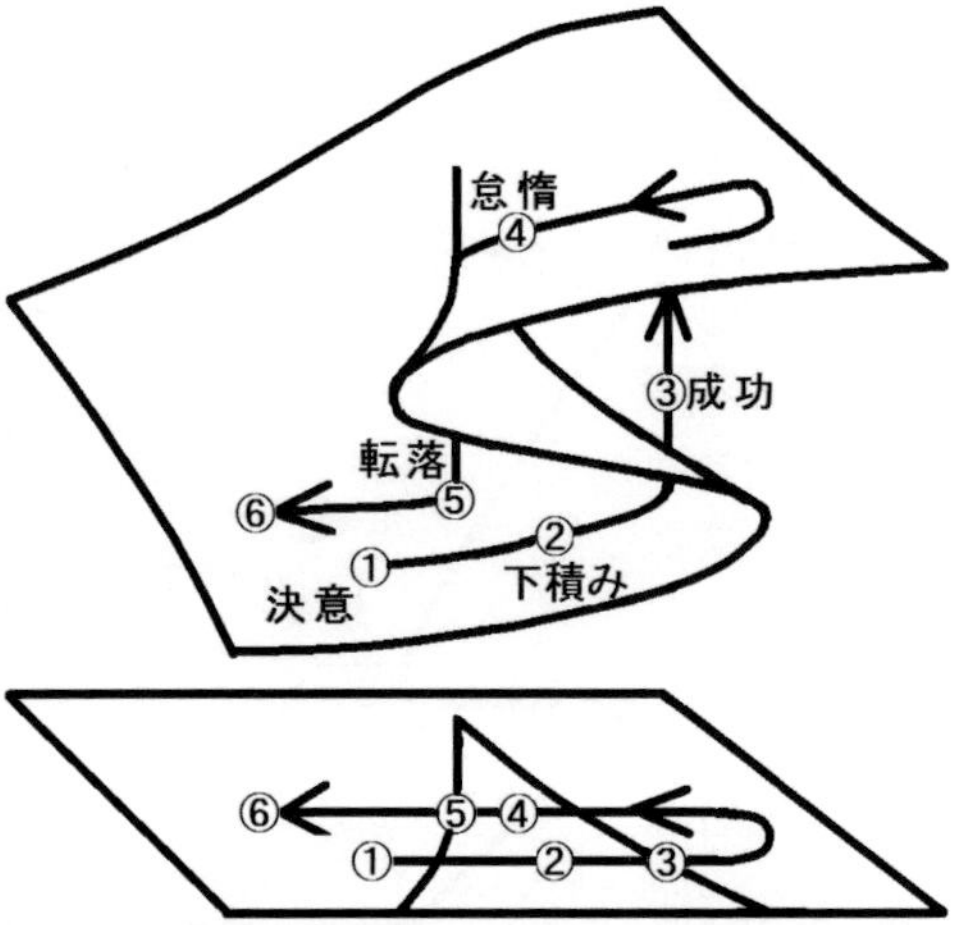

努力→成功，怠惰→転落

少しくらいサボっても成功者は成功者である。③から④に戻ってもジャンプしない。だが，サボり癖は直らない。⑤で転落し，⑥で安定する。努力を忘れた者に栄光はない。

ゴムを軽く引いて指を円板近くで動かせばジャンプがない。すぐにほうびを与え，すぐに叱る。動物や幼児は遅れた賞罰を理解しない。しつけは現金である。

ゴムを強く引けば下積みが長くなる。挫折しやすいが，達成の喜びは大きい。下積み中の侮辱や無視は，成功者にとっては織り込み済みである。決意の瞬間，精神はすでに解放されている。人生は予定通りである。

苦手なことは軽く引く。得意なことは強く引く。自分がどれくらい頑張れるか考えてゴムを引く。若者は挫折してもやり直せるので強く引く。

[実験2]　情けは人のためならず

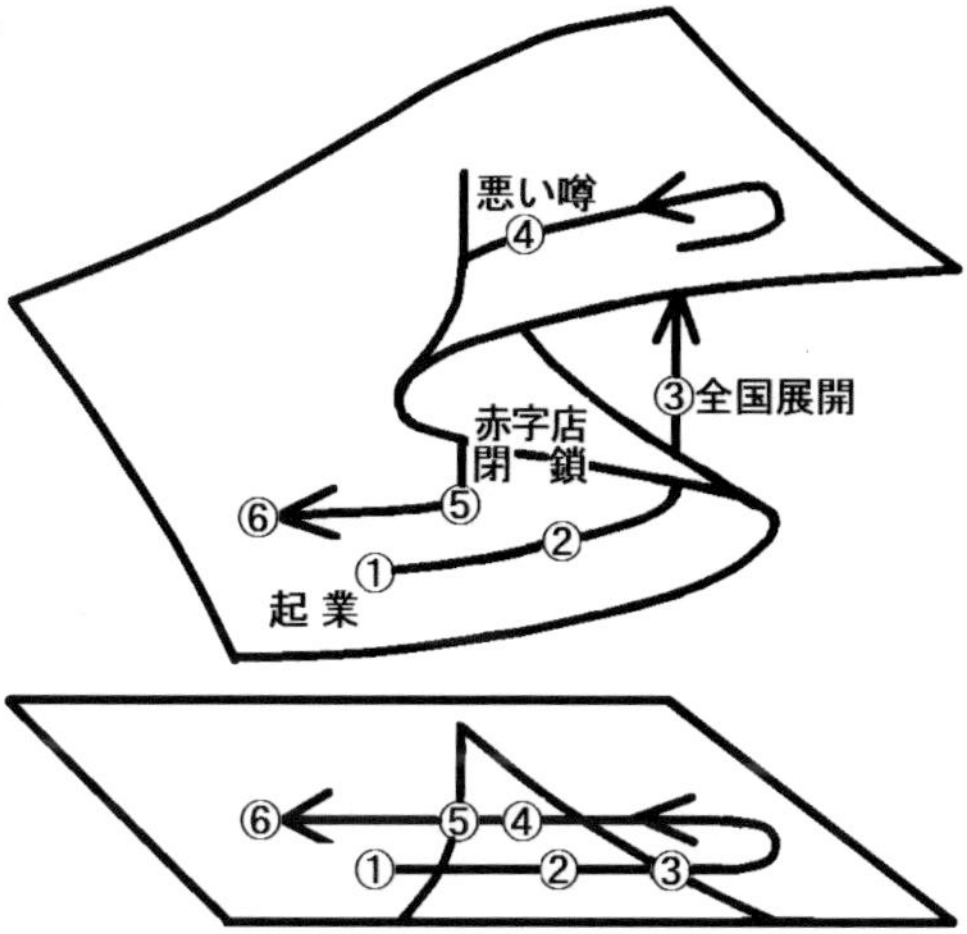

恥を知らなければ人が離れる

社長は①から③まで頑張って会社を大きくした立志伝中の人であった。やがて社長は初心を忘れ，会社はブラック企業となった。

労働者は寝て起きて仕事に行くだけの毎日である。終電に間に合わず，カプセルホテルがねぐらである。休んで減給でもされればローンが払えないため，どんなに疲れていても会社には行く。たまの休みは体力を回復するために爆睡する。転職する気力も体力も残っていない。

ブラック企業の労働者は決して報われず，もうけはすべて社長のものである。社長は高級車と豪邸を手に入れ，有名になり，国会議員となった。

④で家族や友人を大切にする人，能力を向上させたい人は次々に辞めた。噂はネットで広がり，客も離れた。⑤で赤字店舗を一斉に閉鎖した。

悪い噂を消すために店の名前を変え，事情を知らない労働者と客を集めた。だが，ネットでの噂は消えない。⑥のまま安定する。

「三方　よし」(売り手よし　買い手よし　世間よし)という言葉がある。江戸時代の近江商人・中村治兵衛の考えが調子よくまとめられ，小倉栄一郎『近江商人の経営』を切っかけに広がった。

真の成功者は労働者や消費者に温かい。情けは人のためならずである。一方，自分のもうけしか考えない人は必ず失脚する。情けがない人は情けない。

ねずみの嫁入りの6次元

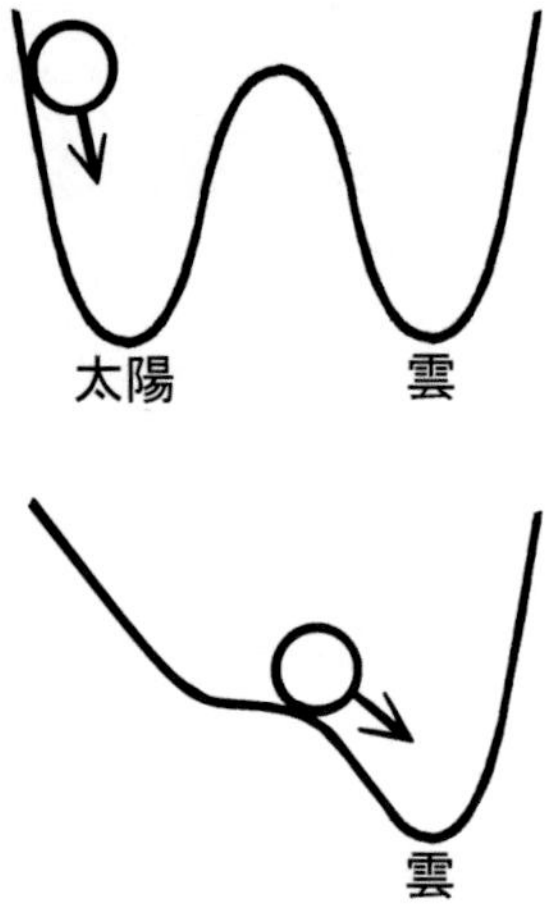

庄屋の娘チュン子はチョロ吉の嫁になりたかった。だが，父は高い空から世界を照らす太陽こそが娘の婿にふさわしいと考えた。

太陽は「太陽を隠す雲が強い」と言い，雲は「雲を吹き飛ばす風が強い」と言い，風は「風に負けない壁が強い」と言い，壁は「壁を食い破って通り抜けるねずみが強い」と言った。

父は最も強いねずみを婿にしようと考え，チョロ吉は力自慢のチュン太と戦った。

チュン太はやはり強かった。だが，チョロ吉は決して降参しなかった。

チョロ吉は根性が認められ，チュン子と幸せに暮らした。

これは(照らす力，隠す力，吹く力，頑丈な力，食べる力，忍耐力)の6次元目的ベクトルの問題である。当初，顕在目的ベクトルは照力方向を向いていた。だが，太陽の言葉で隠力方向の潜在目的が顕在化し，照力方向の顕在目的が消滅した。その時，目的ベクトルは照力方向から隠力方向にジャンプした。さらに4回同様のジャンプが起こり，最後に耐力方向のベクトルが顕在化した。当初はチョロ吉の魅力が見えなかったが，チョロ吉自体は初めから存在していた。

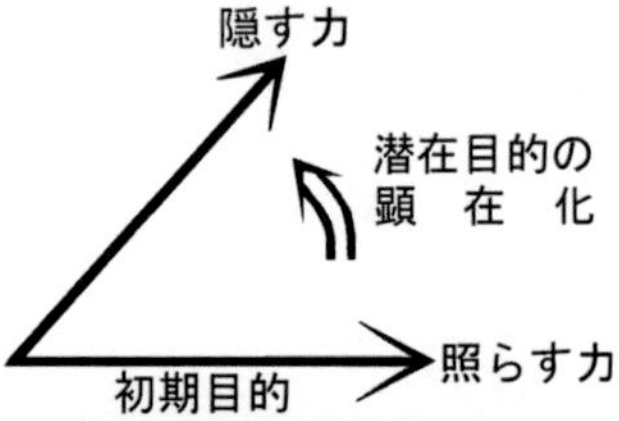

初期目的ベクトルの消滅

「結果ベクトルの，顕在化した目的ベクトル方向への正射影」の最大化を図ることを**結果の合理性**とよぶ。その際，すでに初期目的はどうでもよい。

第1章第1節では2次元パレート最適，3次元進路指導，金子みすゞの4次元を考えた。本章ではねずみの嫁入りを6次元で考えた。

小さな誤差を無視して次元を減らせば法則が顕在化する。次元は平行四辺形で分解すれば増え，合成すれば減る。力や速度と一緒である。

3次元上の2次元曲面(地球)を2次元平面(地図)で表すこともできる。これはベクトルではなく，写像(map)の問題である。

付録　数学的決定

第1節　数学的決定の例

数学的掃除法

普段はまったく片づけず，汚れが定量に達した時に徹底的に掃除する。掃除回数を最小化したければ**定量発注方式**がよい。年末や学年末に大掃除をする。皆で掃除の時季を合わせて作業の効率化を図りたければ**定期発注方式**がよい。

定量発注方式や定期発注方式の**片づけない人**は合理的である。一方，やり始めたら徹底的にやる人は**片づけられない人**の仲間である。

定義　$T/24$日（T時間）ごとに掃除をする。汚量はごみ袋の数で表す。掃除開始からt時間後の汚量は$y=Va^t$［袋］である。aは掃除の効率である。掃除開始からτ時間後，汚量V_0袋で掃除を終える。掃除終了から次の掃除開始までの$T-\tau$［時間］に汚量はb袋/時で増え続ける。Tは周期，$f=1/T$［/時間］は頻度である。$p=\tau/T=\tau\times f$を掃除率，$q=1-p$を非掃除率という。

例1　$a=1/2$，$b-1/(24\times7)=1/168$とする。汚量は掃除中毎時半減する。まったく掃除しなければ**毎週1袋分のごみが出る**。積分で求める方法もあるが，ここではτとTを自然数と考えて公式化し，それを実数に拡張する。

掃除終了時汚量　$V_0=V/2^\tau=(V/2)(1/2)^{\tau-1}$

次の掃除開始時汚量　$V=V_0+b(T-\tau)=V_0+b(1-p)T=V_0+bqT$

連立方程式を解いて$V=bqT/(1-2^{-\tau})$，$V_0=bqT/(2^\tau-1)$，$V-V_0=bqT$

周期汚量 $\Sigma y=(V/2)\{1-(1/2)^\tau\}/\{1-(1/2)\}+(V+V_0)(T-\tau+1)/2-V_0$

$=[3q/2+(2^\tau+1)(T-2\tau+p^2T)/\{2(2^\tau-1)\}]bT$

平均汚量$E(y)=[3q/2+(2^\tau+1)(T-2\tau+p^2T)/\{2(2^\tau-1)\}]b$

$\rightarrow[3q/2+(2^\tau+1)(T-2\tau)/\{2(2^\tau-1)\}]b\quad(p\rightarrow0)$

$\rightarrow[3/2+(2^\tau+1)(T-2\tau)/\{2(2^\tau-1)\}]b\quad(p\rightarrow0,\ q\rightarrow1)$

(i) 3時間掃除すれば月1回でよい。

$\tau=3$，$T=24\times30=720$，$f=1/720$，$p=3/720=1/240$，$q=239/240$

$V=239\times720/\{168\times240\times(1-1/8)\}\fallingdotseq4.88$

$V_0=239\times720/\{168\times240\times(8-1)\}\fallingdotseq0.61$

平均汚量$E(y)=\{3\times239/(240\times2)+9(720-6+9/720)/(2\times7)\}/168\fallingdotseq2.74$

月間ごみ量 $V-V_0=239\times720/(168\times240)\fallingdotseq4.27$

平均汚量2.74は3袋弱のごみに囲まれて暮らすことを意味する。毎月4袋のごみが出るが，ごみ出しは月1回ですむ。掃除時間τや掃除回数fを減らす**片づけない人**は合理的である。一方，掃除回数が少なすぎる**片づけられない人**のごみは増え続ける。

(ii) 6時間掃除しても2倍きれいになるわけではない。

$\tau=6,\ T=24\times30=720,\ f=1/720,\ p=6/720=1/120,\ q=119/120$

$$V=119\times24\times30\times64/(168\times120\times63)\fallingdotseq4.32$$

$$V_0=119\times24\times30/(168\times120\times63)\fallingdotseq0.07$$

平均汚量 $E(y)=\{3\times119/(120\times2)+65(720-12+720/120^2)/(2\times63)\}/168\fallingdotseq2.18$

1月のごみ量 $V-V_0=119\times720/(168\times120)\fallingdotseq4.25$

普段はまったくやらず，やり出したら徹底的にやる人は**片づけられない人**である。掃除直後はきれいでも普段は2袋のごみの中で暮らす。平均汚量はほとんど減らない。**1回の時間τを増やすより回数fを増やした方がよい**。

(iii) 毎日30分掃除する人はきれい好きである。

$\tau=1/2,\ T=24,\ f=1/24,\ p=1/48,\ q=47/48$

$$V=47/\{168(2-\sqrt{2})\}=47/(2+\sqrt{2})/336\fallingdotseq0.478$$

$$V_0=47/\{168\times2(\sqrt{2}-1)\}=47/(\sqrt{2}+1)/336\fallingdotseq0.338$$

$$V-V_0=24/(168\times48)\fallingdotseq0.140$$

平均汚量 $E(y)=[3\times47/96+(\sqrt{2}+1)(24-1+1/96)/\{2(\sqrt{2}-1)\}]/168\fallingdotseq0.408$

週間ごみ量 $7(V-V_0)=7\times47\times24/(168\times48)\fallingdotseq0.979\fallingdotseq1$

平均汚量0.408は半袋に満たない。毎週1袋のごみが出る。掃除中30分はごみが増えないため，袋に2.1％の余裕がある。**きれい好きは1回の時間τが少なく，回数fが多い。習い事と同様，日頃の習慣で差がつく**。

一方，自称「潔癖症」は片づけられない。手が汚れるのが嫌でぞうきんを持てない。飲みかけのジュースはさわれない。回数が少ないので汚量は増え続ける。

補足　真面目集団は毎日同じ場所を掃除する。したがって，同じ場所にほこりがたまる。赴任先ではコピー機の下に掃除機をかけ，ロッカーの上をふく。人の出入りが多い職場では，それらの箇所は永年放置状態である。人が気がつかない箇所を率先して片づけ，他の箇所は皆に合わせる。そうすれば清潔と信頼が得られる。

数学的質問法

例2（議会での質問）

「質問」時間に制限がある参議院は片道方式であるゆえ，多くの答弁を引き出す質問が合理的である。「質問・答弁」時間に制限がある衆議院は往復方式であるゆえ，無能閣僚や悪質閣僚の無駄答弁は非合理である。

時間制限がない米上院では長時間質問（filibuster）が認められる。日本の牛歩と同様の議事妨害である。可決必至の状態で少しでも可決を遅らせるのは圧力団体の代弁者として合理的である。

例3（質問回数の最小化）

2^nの候補のうち1つが本物で残りの2^n-1が偽物のとき，最小の質問回数で本物を確定する。ある集団が本物を含むかどうかは質問で確認する。たとえば，疑問詞を使わずに「はい」か「いいえ」で答えさせる。

1回目は2^nの候補を2^{n-1}ずつの2集団に分けて質問し，本物を含む方を残す。2回目は本物を含む2^{n-1}の候補を2^{n-2}ずつの2集団に分けて質問し，本物を含む方を残す。これを繰り返す。$(n-1)$回目は本物を含む2^2の候補を2ずつの2集団に分け，本物を含む方を確認して残す。n回目は最終2候補から本物を確定する。この方法を**半々法**（50％法）とよぶ。$N=2^n$の候補は$n=\log_2 N$（回）の質問で本物が確定する。

1回目はNの候補をNpと$N(1-p)$の2集団に分ける。Npは確率pで本物を含む。そこから本物を確定させるためには半々法でさらに$\log_2 Np$回の質問が必要である。$N(1-p)$は確率$1-p$で本物を含む。そこから本物を確定させるためには半々法でさらに$\log_2 N(1-p)$回の質問が必要である。Npと$N(1-p)$の2集団に分けることを**100p％法**とよぶ。

1回目は100p％法，2回目以後は半々法とする。期待質問回数は

$$v=1+p\log_2 Np+(1-p)\log_2 N(1-p)=1+\{\log N+p\log p+(1-p)\log(1-p)\}/\log 2$$

$$dv/dp=\{\log p+p/p-\log(1-p)-(1-p)/(1-p)\}/\log 2$$
$$=\{\log p-\log(1-p)\}/\log 2=\log_2\{p/(1-p)\}$$

$p=1/2$のとき$dv/dp=0$であり，vは最小値$\log_2 N$をとる。したがって，質問回数を最小化したければ$p=1/2$の半々法がよい。予測が50％に近いほど質問の精度は高い。これを**50％の法則**という。

第 2 節　偏差値の嘘

真偏差値

偏差値には2種類があるが，2種類を混同する人はあまりに多い。

公式1

換算人数中順位＝換算人数×（元順位－0.5）/元人数＋0.5
中位合格倍率＝元人数/{2（元順位－0.5）}
最下位合格倍率＝元人数×（定員－0.5）/{定員×（元順位－0.5）}
　　→元人数/（元順位－0.5）倍（定員→∞）
真偏差値＝10＊NORMSINV（1－（順位－0.5）/元人数）＋50

同点でm位がn人いた場合，$\{m+(m+n-1)\}/2=m+(n-1)/2$（位）と考える。たとえば，11位が5人いた場合，11位から15位が同点という意味であるから，真ん中をとって13位と考える。

例1　528人中14位は

100×（14－0.5）/528＋0.5≒3
10000×（14－0.5）/528＋0.5≒256
528/{2×（14－0.5）}≒20
528/（14－0.5）→約39
10＊NORMSINV（1－（14－0.5）/528）＋50≒69.5

であるから，百人中3位，万人中256位，20人中1位，39倍試験最下位合格と同等であり，真偏差値は69.5である。

公式2

換算人数中順位＝換算人数＊（1－NORMDIST（真偏差値,50,10,TRUE））＋0.5
中位合格倍率＝0.5/（1－NORMDIST（真偏差値,50,10,TRUE））
最下位合格倍率→1/（1－NORMDIST（真偏差値,50,10,TRUE））
（定員→∞）

例2　真偏差値69.5は

100＊（1－NORMDIST（69.5,50,10,TRUE））＋0.5≒3
10000＊（1－NORMDIST（69.5,50,10,TRUE））＋0.5≒256
0.5/（1－NORMDIST（69.5,50,10,TRUE））≒20
1/（1－NORMDIST（69.5,50,10,TRUE））≒39

であるから，百人中3位，万人中256位，20人中1位，39倍試験最下位合格と同等である。

簡易偏差値

工業の製品や部品のばらつきは正規分布に従う。標準偏差をσとして，3σ以上は異常と考える。だが，最高100点，最低0点の学校テストは正規分布に従わない。

（得点－平均点）÷標準偏差×10＋50を**簡易偏差値**または**代用偏差値**とよぶ。簡易偏差値は四則だけなので小学生でも計算できる。

元のデータが正規分布に従わなくても真偏差値は正規分布に従うが，簡易偏差値と順位は正規分布以外では対応しない。

最高80点以下，最低20点以上のテストを作れば正規分布に従うが，今度は標準偏差が小さくなるので同順位者が増える。同学力者が多数受験する入試ではさらに同順位者が増える。同順位者が増えた場合，合否はテスト以外の要素で決まる。

正規分布ではない簡易偏差値を正規分布表に当てはめるほどの愚行はないが，簡易偏差値と正規分布表を知る高学力者がこうした愚行を繰り返す。

たとえば，ある中小企業診断士はネットで「東大理Ⅲ準ミス日本の東大模試偏差値は93.7，その出現率は0.00028％，百万人に3人弱」と主張する。

真偏差値93.7のとき，

確率密度関数＝NORMDIST(93.7,50,10,FALSE)≒0.00028％/幅

出現率＝1－NORMDIST(93.7,50,10,TRUE)≒0.00062％

である。つまり，この診断士は確率密度関数と出現率を混同している。

0.5/(1－NORMDIST(93.7,50,10,TRUE))≒80485より，真偏差値93.7は8万人中1位に当たる。だが，8万人も受ける東大模試は存在しない。

模擬試験は正規分布に従わないため，簡易偏差値から順位はわからない。「正規分布であれば8万人中1位相当」という命題は，「夏の沖縄旅行は雪が降れば中止」というのと一緒である。実際には雪が降らないから旅行は中止にならない。

河合塾・Z会共催東大即応オープンの受験者は14年8月0.99万人，同11月0.97万人である。1万人の模試は1位の真偏差値でも88.9であり，90に届かない。

真偏差値は普通の人には難しい。したがって，受験生や保護者が簡易偏差値を使うことは許される。だが，学校の先生などは真

偏差値を使うべきである。数学の先生でなくてもエクセルに代入することはできるはずである。

真母集団と真倍率

公式 3

中位合格真偏差値＝10＊NORMSINV(1－定員/(2＊受験者数))＋50

→10＊NORMSINV(1－1/(2＊倍率))＋50（定員→∞）

最下位合格真偏差値＝10＊NORMSINV(1－(定員－0.5)/受験者数)＋50

→10＊NORMSINV(1－1/倍率)＋50（定員→∞）

例 3　難関高受験者は模試受験者の一部である。特定高受験者を実母集団とよび，実母集団÷合格者を実倍率とよぶ。中 3 秋の模試受験者を**真母集団**とし，真母集団全員が特定高を受験したと仮定したときの倍率を**真倍率**とする。

合格者平均偏差値を中位合格**真**偏差値，半数合格偏差値（ボーダーライン）を最下位合格**真**偏差値と考える。

中位合格**真**倍率＝0.5/(1－NORMDIST(合格者平均偏差値,50,10,TRUE))

最下位合格**真**倍率＝1/(1－NORMDIST(半数合格偏差値,50,10,TRUE))

北辰テストの半数合格偏差値は大宮（理数）70，浦和 69，大宮（普通）68 であるから，最下位合格真倍率は大宮（理数）44，浦和 35，大宮（普通）28 である。

進学校の目標が難関大合格であるとする。教育効率が等しければ**目標達成者数と真母集団数は比例する**。成績優秀者は公立トップ高に集まるので，2 番手高から難関大に進む者は少ない。その分，相関係数が下がる。

例 4　宝塚音楽学校の定員は 08 年以後 40 人であるから，

中位合格真偏差値＝10＊NORMSINV(1－40/(2＊受験者数))＋50

→10＊NORMSINV(1－1/(2＊倍率))＋50（定員→∞）

最下位合格真偏差値＝10＊NORMSINV(1－(40－0.5)/受験者数)＋50

→10＊NORMSINV(1－1/倍率)＋50（定員→∞）

08年→15年の中位合格真偏差値は70→71→71→70→70→70→71→71，最下位合格真偏差値は 67→68→68→67→67→67→68→68 である。定員が 40 もあれば近似計算による誤差は 0.1 未満である。

宝塚は 98 年の宙組創設で 5 組となり，トップは男女で 10 名い

る。トップとはベスト10のことである。

トップをめざすタカラジェンヌにとって，真母集団数は同世代人口か，受験生数か，音楽学校入学者数か？トップ出現率が受験生数に比例していれば「トップは才能」，音楽学校入学者数と比例していれば「トップは教育の成果」となる。いずれの相関係数が高くでるか，詳しい分析は今後の課題である。

第3節　得票率の嘘

ルートnの法則　50%の法則

得票率pの候補の，投票者数nの選挙区における得票結果を考えるため，全選挙区が均質であると仮定する。これを**均質性の仮定**という。

得票数の期待値は$n*p$，標準偏差は$\sigma=\mathrm{SQRT}(n*p*(1-p))=\mathrm{SQRT}(n*(-p\verb|^|2+p))=\mathrm{SQRT}(n*(-(p-1/2)\verb|^|2+1/4))$である。

得票率の期待値はp，標準偏差は$\sigma/n=\mathrm{SQRT}(p*(1-p)/n)=\mathrm{SQRT}((-p\verb|^|2+p)/n)=\mathrm{SQRT}((-(p-1/2)\verb|^|2+1/4)/n)$である。

得票数のばらつきはルートnに比例し，得票率のばらつきはルートnに反比例する。これを**ルートnの法則**とよぶ。得票数と得票率の標準偏差はpが1/2，すなわち50%のとき最大となる。これを**50%の法則**とよぶ。

得票率グラフがなめらかで不自然(嘘)

12年の都知事選は衆院選と同日実施であったため，区市町村別集計に加えて衆院小選挙区別集計が発表された。猪瀬＋宇都宮の得票率グラフは区市町村別ではガタガタだが小選挙区別ではなめらかである。

ネットではゴーストライポンらが「小選挙区別得票率のグラフはなめらか過ぎて不自然である。これは作為によるものであり，不正選挙の証拠である」と結論づけた。だが，その結論は非科学的である。

法則1(ルートnの法則)

得票率のばらつきは投票者数nが小さいほど大きい。衆院小選挙区別ではnの最小値は25区の19万であるが，区市町村別では青ヶ島村，御蔵島村，利島村がnが千未満である。小選挙区別グラフがなめらかで区市町村別グラフが村部でガタガタ揺れるのも不自然ではない。

法則2(絶対誤差と相対誤差)

得票率は割り算で求めるが，得票数の差は引き算である。ある

主要候補の失点は他の主要候補の得点である。主要候補間の絶対誤差(引き算の誤差)はほぼ等しいので，得票数が少ない2番手候補の相対誤差(割り算の誤差)は大きい。したがって，当選した猪瀬の得票率は全選挙区でほぼ一致し，2番手の宇都宮は選挙区ごとの差が大きい。

法則3(50%の法則)

得票率pは2分の1(50%)に近いほどばらつきが大きい。猪瀬65%，宇都宮15%，猪瀬＋宇都宮80%である。猪瀬＋宇都宮は50%から遠いので誤差が小さい。宇都宮単独では法則2が優位に働くため誤差は小さくならない。

舛添が猪瀬の48%は不自然(嘘)

ゴーストライポンは「14年舛添得票数は12年猪瀬の48%」で，「不正開票(人為的操作)の疑いがある」とした。

元外務省国際情報部局長は「人為的操作」と断定した(日刊ゲンダイ14年3月15日「48%の怪」)。元局長は「区市部の大半は48%前後であるが，投票数が少ない村部は監視が可能なためにばらつく」と述べた。だが，村部のばらつきは法則1によるものである。

選挙区別人気度

都知事選の得票率順位は，12年猪瀬が1位江戸川，23位世田谷，14年舛添が1位足立，23位杉並である。投票総数nが大きく，得票率の誤差が小さい23区の中でも順位の入れ替わりがある。

舛添＝猪瀬×48%であればスピアマンの順位相関係数が1となるはずであるが，実際は0.876である。猪瀬と舛添の支持基盤は近いので，この程度の相関関係は不自然ではない。

$f=(\text{実得票数}-n*p)/\sigma$は**選挙区別人気度**(好度関数＝次節)である。全選挙区が**均質と仮定**すればfは−3から3の間に集中するはずであるが，実際は−70から70の範囲で大きく揺れる。この揺れ幅の大きさは**均質性を否定**する。すなわち，選挙区ごとに個性が多様的である。

fの比較で次の結論が得られる。12年猪瀬は江戸川，足立，**墨田**，江東，葛飾が得意，**八王子**，世田谷，杉並，武蔵，**三鷹**が苦手であった。14年舛添は足立，江戸川，葛飾，江東，**青梅**が得意，杉並，世田谷，**渋谷**，**中野**，武蔵が苦手であった(波線太字は12年と14年で傾向が違う区)。八王子の反田母神層は舛添に留まった。

第4節　好度関数

3次元の点(S, N, f)を考える。Sは個性(signal), Nは揺れ(noise), fは好度(favorite)を表す。

$S>0$は個性的, $S<0$は常識的である。接触回数をnとして, Nはルートnの幅で揺れる。

$$p=4f^3-2Sf-N=2f(2f^2-S)-N$$

$$p'=dp/df=12f^2-2S=2(6f^2-S)$$

$$P=\int pdf=f^4-Sf^2-Nf+C$$

とする。P(potential)は構造安定性をもつため, 極小値(attractor)で安定する。

Pを極小化するfが好度であり, $f>0$は「好き」, $f<0$は「嫌い」を表す。好度関数fは2次元(S, N)から数直線への写像である。

(i) $S\leqq 0$のとき, つねに$p'\geqq 0$であるからpは単調に増加する。したがって, Pはただ1つの極小値で安定する。$S\leqq 0$は平凡な常識人であり, 好かれも嫌われもしない。

(ii)〜(iv) $S>0$かつ$p'=2(6f^2-S)=0$のとき, $f=\pm\sqrt{S/6}$, $p=\pm 2\sqrt{S/6}(S/3-S)-N=\pm 2\sqrt{S/6}(-2S/3)-N=\mp\sqrt{8S^3/27}-N$(複号同順)

(ii) $S>0$かつ$N\leqq -\sqrt{8S^3/27}$のとき, pの極小値は$-\sqrt{8S^3/27}-N\geqq 0$であるから, $p=0$となるfはただ1つ存在する。$p=0$でPが極小化するとき, $f\leqq -\sqrt{S/6}<0$であるから,「嫌い」で安定する。

(iii) $S>0$かつ$N\geqq\sqrt{8S^3/27}$のとき, pの極大値は$\sqrt{8S^3/27}-N\leqq 0$であるから, $p=0$となるfはただ1つ存在する。$p=0$でPが極小化するとき, $f\geqq -\sqrt{S/6}>0$であるから,「好き」で安定する。

(iv) $S>0$かつ$-\sqrt{8S^3/27}<N<\sqrt{8S^3/27}$のとき, $-\sqrt{8S^3/27}-N<0<\sqrt{8S^3/27}-N$である。$p=0$の解を小さい順に$f_1, f_2, f_3$とすれば, Pは$f=f_1(<-\sqrt{S/6}<0)$と$f=f_3(>-\sqrt{S/6}>0)$で極小値をとる。

人の心は2つに分かれる。$f_3(>0)$が顕在化した人はファンとなり，$f_1(<0)$が顕在化した人はアンチとなる。

ルートnの法則

人の印象は接触時間ではなく接触回数で決まる。接触回数をnとすると，ルートnに応じて心はN軸方向に揺れる。

多くの客は初対面のセールスマンの話を1時間聞かされても説得されない。だが，高校3年間1度も話したことがないが，通学中3秒ずつ千回見かけた人は信用できる。

千人と話して契約が3件の商売を千三屋（センミツヤ）という。多くのセールスマンは諦めて転職するが，諦めないセールスマンは千人と話す。そのときのnは千である。

有名人の場合，テレビで見た回数，ネットで検索した回数，コンサートに行った回数の接触回数は露出度ともよばれる。いつも15秒CMで見る人は身近に感じる。

nが100倍になると心は10倍揺れる。好度51%は心をN軸の正の向きに揺らし，101回目のプロポーズは成功する。だが，好度49%（嫌悪度51%）は心をN軸の負の向きに揺らす。101回つきまとうストーカーは逮捕される。

Nの例　潜在意識の顕在化

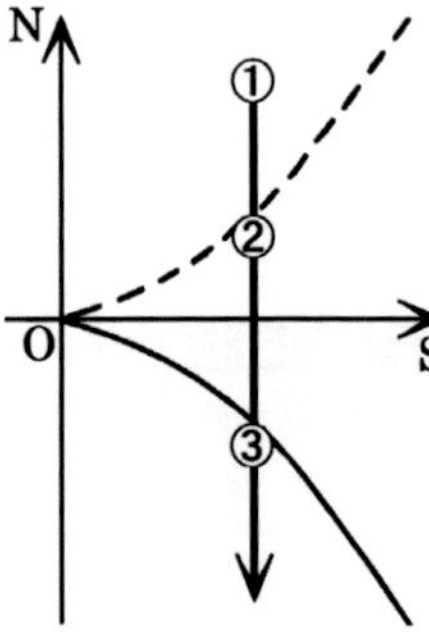

Sを忍耐力とする。

(i) Sが負の人は瞬発力の人である。不満があればすぐ口に出すのでうるさくてかなわない。だが，大きな問題には発展しない。

(ii) Sが正の人は我慢強く，不満を口にしない。だが，一たび怒らせたら修復は困難である。表面的に和解しても，心の中では一生許さない。

蜜月①はfが正である。信頼が低下すると②で2つの解をもつ。構造安定性により，正の解が顕在意識，負の解は潜在意識となる。さらに不信感が募れば③で解は1つとなる。正の顕在意識は消滅し，隠れていた負の意識が顕在化する。これを破局という。

Sの例　個性派と常識派

個性派は学校でいじめられる。だが,「女のくせに背が高い」と言われた女性は背が高い女性が有利な職業で成功する。芸能人の多くはS＞0の個性派である。

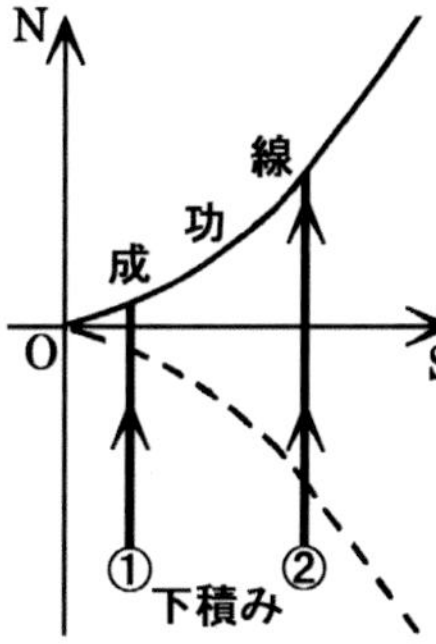

ブレイク前は侮辱と無視に耐える下積みである。やや常識的な①より,個性が強い②の下積みは長い。だが,努力は必ず報われる。逆に,絶頂での慢心は③の経路で転落する。

芸能人には3つの型がある。高好度型($N \geqq \sqrt{8S^3/27}$, $f>0$),高嫌度型($N \leqq -\sqrt{8S^3/27}$, $f<0$),賛否両論型($-\sqrt{8S^3/27} < N < \sqrt{8S^3/27}$, fが正負の2解をもつ)である。

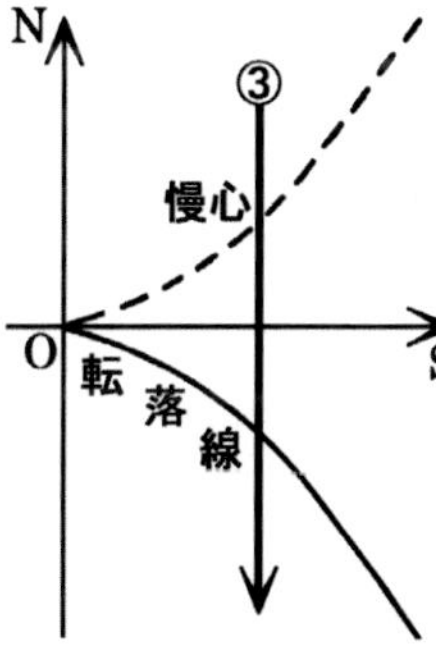

嫌度が高くても露出度が高ければ職業として成り立つ。一部のアンチがネットで暴れるが,「嫌なら見るな」「じゃ,見ない」の論理で大半は黙る。国民の1%が大ファンとなればミリオンヒットとなる。

S＜0の常識派はfの絶対値が大きくなりづらく,テレビで見ても面白くない。一方,学校,職場,家庭,近所で個性派とアンチの抗争が勃発すれば平穏無事な生活が壊される。身近な人は常識派に限る。

プロの嫌われ屋

好票数＋嫌票数＝n, 好率p, 嫌率$q=1-p$とすると,好票数は$x=n*p$, 嫌票数は$y=n*q$である。露出度nが増えればファンもアンチもルートnの法則で増える。

全員の好感度が等しいと仮定すると,$x=y=0$, $p=q=1/2$, $\sigma=\mathrm{SQRT}(n*p*q)=\mathrm{SQRT}(n)/2$である。これは**均質性の仮定**である。

$f=((x-y)/2)/(\mathrm{SQRT}(n)/2)=(x-y)/\mathrm{SQRT}(n)$を**好度**, $1-f$を**嫌度**とよぶ。両者は均質状態との差を表す。

週刊文春「好きな女子アナ」「嫌いな女子アナ」(14年秋)の(好票,嫌票,好率%,好度)ベクトルは水卜麻美(248, 52, 83, 11),大江

麻理子(106, 22, 83, 7), 夏目三久(97, 59, 62, 3), 加藤綾子(73, 218, 25, **−9**), 田中みな実(43, 193, 18, **−10**), 狩野恵里(38, 2〜7, 85〜95, 5〜6), 有働由美子(34, 26, 57, 1), 枡田絵理奈(29, 46, 39, −2), 生野陽子(29, 62, 32, −3), 高橋真麻(4〜13, 74, 5〜15, **−8〜−7**)である(数値に幅があるものは筆者の推定)。

水卜, 大江, 狩野は高好度型, 田中, 加藤, 高橋は高嫌度型, 夏目, 生野, 有働, 枡田は賛否両論型である。

狩野の好率は85〜95で水卜の83より高いが, これはルートnの法則による。人気を標準化した好度は水卜11, 狩野5〜6で水卜が高い。万人受けする水卜の活躍は当然である。

12年は田中(35, 378, 8, **−17**), 高橋(82, 313, 21, **−12**), 加藤(199, 90, 69, **6**)であった。田中みな実と高橋真麻は嫌度を下げたが,「プロの嫌われ屋」として安定している。加藤綾子の嫌度は次第に顕在化した。

女子アナの定年は38歳

オリコン「好きな女子アナ」の9割は25〜38歳である(04〜15年, のべ122人, 年齢は各年11月末)。

他の職業と比べる。大相撲幕内力士の9割は23〜35歳である(42人, 16年7月場所初日)。将棋上位棋士の9割は27〜50歳である(16年9月1日現在のタイトル保持者, A級, 竜王1組の計21人)。体を使う相撲の定年は35歳, 頭を使う将棋は50歳である。38歳の女子アナは肉体労働に近い。

標本数がn, $[n/20]$位がa, $([n/20]+1)$位がbのとき, 20分位点は$(a+\mathrm{b})/2+([n/20]-n/20)a+(n/20-[n/20])\mathrm{b}$である。

エクセルでは標本数nのとき, INT(n/20)位をa, (INT(n/20)+1)位をbとして, (a+b)/2+(INT(n/20)−n/20)∗a+(n/20−INT(n/20))∗bと打つ。

上位棋士の場合, $n=21$, $n/20=1.05$, $[n/20]=1$である。若手の年齢は豊島将之$a_1=26$, 糸谷哲郎$\mathrm{b}_1=27$, ベテランは高橋道雄$a_2=56$, 佐藤康光$\mathrm{b}_2=46$である。

$$(26+27)/2+(1-1.05)\times 26+(1.05-1)\times 27=26.55(\text{歳})$$
$$(56+46)/2+(1-1.05)\times 56+(1.05-1)\times 46=50.5(\text{歳})$$

より, 9割は27〜50歳に属する。

若さを求める視聴者と, それに甘える女子アナがいる。39歳以上で活躍する女性アナウンサーは有働由美子と赤江珠緒である(15年, オリコン)。